当代教育设施

（西）卡雷斯·布洛特 编著
董 薇 编译

广西师范大学出版社
·桂林·

图书在版编目(CIP)数据

当代教育设施/(西)布洛特 编著;董薇 编译. —桂林:广西师范大学出版社,2013.6
书名原文:Todays educational facilities
ISBN 978-7-5495-3518-7

Ⅰ. ①当… Ⅱ. ①布…②董… Ⅲ. ①教育建筑-建筑设计-世界-现代-图集 Ⅳ. ①TU244-64

中国版本图书馆 CIP 数据核字(2013)第 043199 号

出 品 人:刘广汉
责任编辑:周 丹
美术编辑:王 姣
广西师范大学出版社出版发行
(广西桂林市中华路22号 邮政编码:541001
网址:http://www.bbtpress.com)
出版人:何林夏
全国新华书店经销
销售热线:021-31260822-882/883
上海锦良印刷厂印刷
(上海市普陀区真南路2548号6号楼 邮政编码:200331)
开本:982mm×1180mm 1/16
印张:18.75 字数:47千字
2013年6月第1版 2013年6月第1次印刷
定价:298.00元

导言

教育学科和建筑学科都清晰地表达了人类是怎样进化的。通过思考这两个领域中的任何一个的发展，你都能够重建那漫长而无序的历史演变途径：从社会、宗教或经济状况到道德和政治环境。应用到教育设施领域的建筑因此有力地展现了社会的过去、现在和未来，而且能够用来诠释和影响那些在其中生活和成长的人们的个性和心智，以及他们理解生活的方式。

人们明显地受到环境的影响。为了开发一种跳出简单功能主义巢穴的建筑，你必须意识到并去关注其使用者的福利。这就是学校和训练中心为什么会同时考虑到建筑师、公众和其私人运营机构的利益而设有特定的兴趣区，因为使用者会在这里度过他们生命中的漫长阶段。

今天，教育世界已经理解到建筑对教学所能产生的影响；教师和学生一样，其表现都会随建筑环境而有所变化。因为创造力的前提是适度的专注，以及学生的文化发展，而这和导向智力活动的空间规划直接相关。例如灯光、色彩的选择、布局、不同区域之间的联通，以及内部庭院或景观区间的创造等方面都决定了以教育为目标的环境的成效。

本书致力于提供一种均衡的综述，覆盖了那些我们认为在我们这一代的建筑形式中值得一提的建筑师和那些将其创造性注入各种新兴教育机构的服务中的建筑师。本书为这一建筑领域中最顶尖的设计提供了一种完全的选择，使用示意图并描述建筑细节来帮助理解教育建筑中的某些精华部分。

索引

Rudy Uytenhaak Architectenbureau bv

林奈斯博格生命科学中心

格罗宁根（Groningen） 荷兰

照片提供：Pieter Kers

林奈斯博格（Linnaeusborg），是一个36,000平方米（388,000平方英尺）的设施，由Rudy Uytenhaak architectenbureau设计，为荷兰格罗宁根大学的自然科学和数学学院的生命科学中心提供场所。该设计考虑到了地区的都市发展规划，这一规划预见泽尔尼克（Zernike）学院会从大学技术官僚的前哨向绿色校园转变。这一建筑位于泽尔尼克（Zernike）综合大楼的东部边缘，毗邻护城河和生态区域。畜舍位于建筑的北翼，温室和园艺实验床则位于其南翼。

尽管规模宏大，但该建筑却并没有形成一个不可穿透的形体，而是具有层次分明的结构，且面向校园，人们的视线能够穿透整座建筑。该建筑体可以被看成是一个像桥一样的形体，拔地而起折弯之后又回到地面。中间悬空的部分留出了距离地面两层高度的空地，这意味着当你越贴近该建筑，就越不会将它看成是一个整体。在空间内部，各部门的分配遵循着清晰的逻辑。动物学系位于建筑的北翼，向下通往地平面并与畜舍相通。南翼与玻璃温室相通，是植物学系。在它们之间，是建筑的上层楼面，属于微生物系和生物技术系。

决定了该建筑内部架构的基本原则是互动性、动态性和灵活性。在建筑的上层部分，实验室和办公室面对面地排在两边，而配备了一系列配套设施的第三排则提高了这一模式的效率性和灵活性。考虑到流通空间作为在不同研究人员之间发生合适的无意识偶遇的空间的重要性，该建筑建造了许多流通路径。在两翼的中央，已经建成混合了开放区间和侧面联接点的走廊。来自上方的光线和天空的景色，以及地面和水域，将走廊的内部空间与外面的世界连接了起来。

实验室、配套区和办公室的混合，从空间流通性来说，兼具空间上和功能上的优点。这创造了一个实用、明亮而动态的整体，不论从建筑学还是从技术性来说都具有很高的效率。

建筑方：
Rudy Uytenhaak architectenbureau bv
委托方：
房地产投资项目，格罗宁根大学
承包方：
Sternike Partnership
(Strukton，Voortman，GTI)
面积：
388,000平方英尺（36,000平方米）

尽管规模宏大，但该建却筑并没有形成一个不可穿透的形体，而是面向校园，视线能够穿越它，并且结构分明。建筑中间的悬空部分意味着人们可以看穿整个建筑而不是将它视为庞大的整体。

Linnaeusborg 在可持续性标准方面得分很高。从房屋面积比来说，建筑很紧凑；从材料使用和能量消耗的角度来说，其幕墙很讨喜，是可持续利用的。建筑平面图的清晰结构和技术装备的布局为该建筑的未来化屋顶做出了贡献。

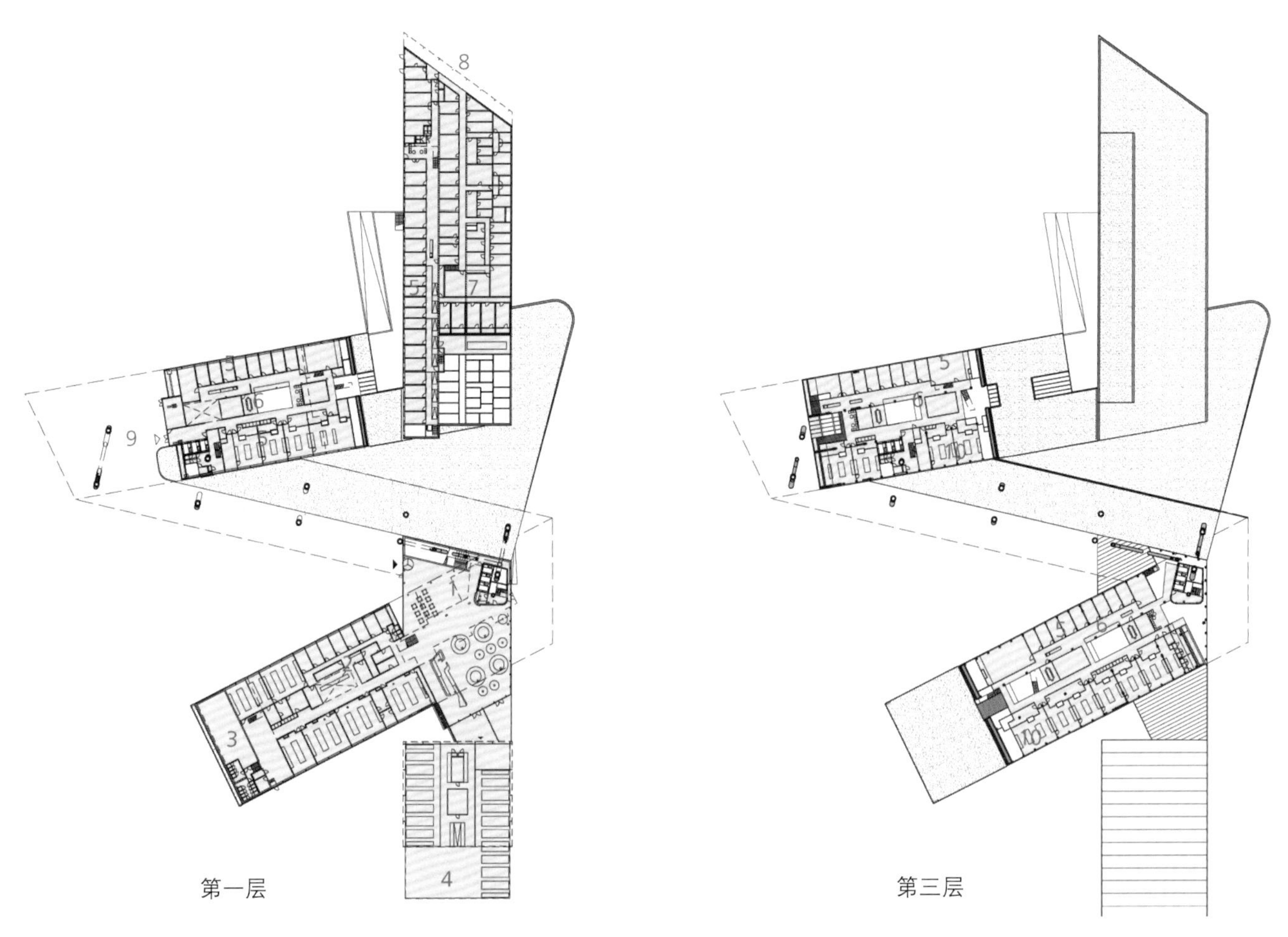

第一层　　第三层

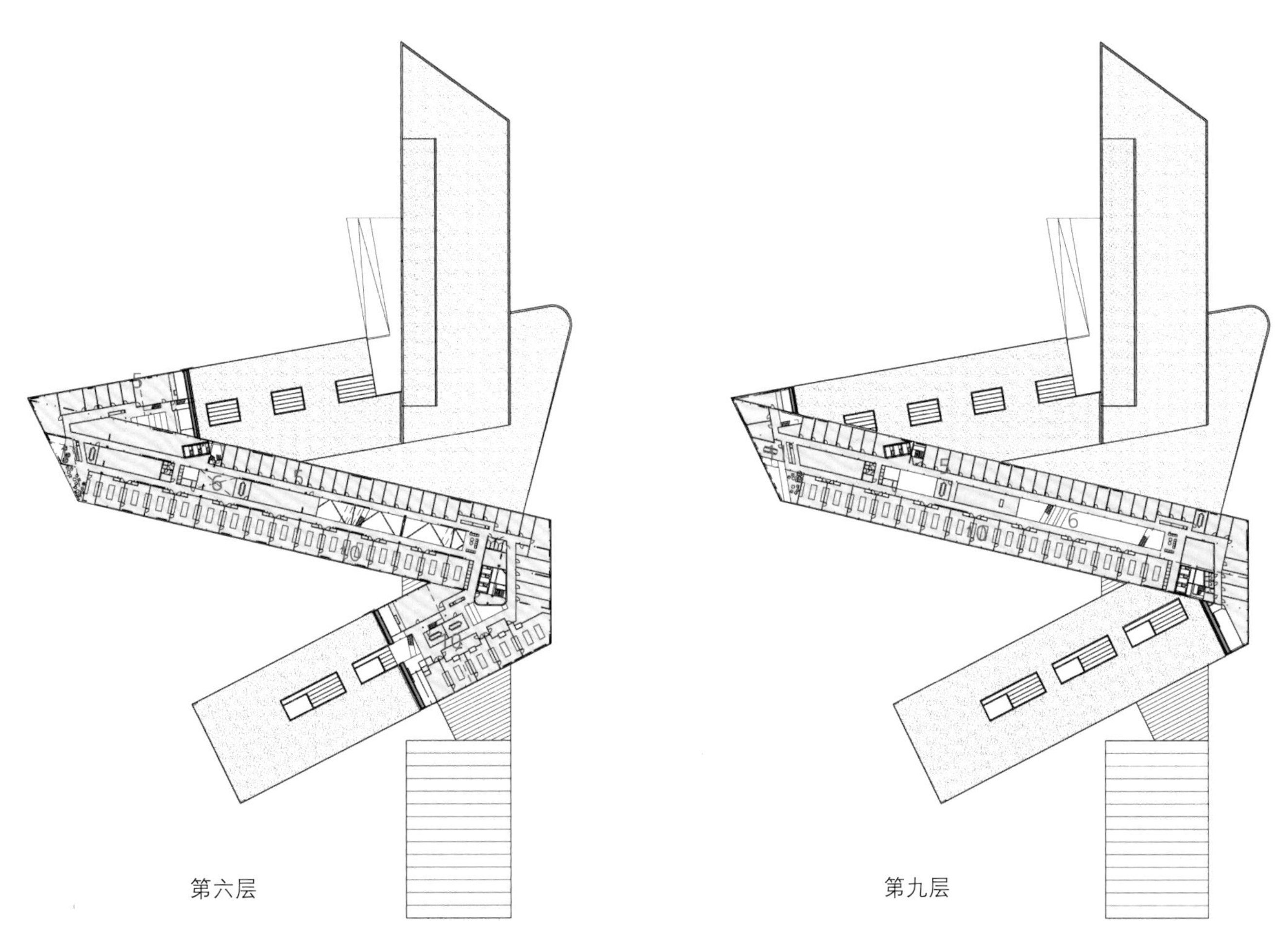

第六层

第九层

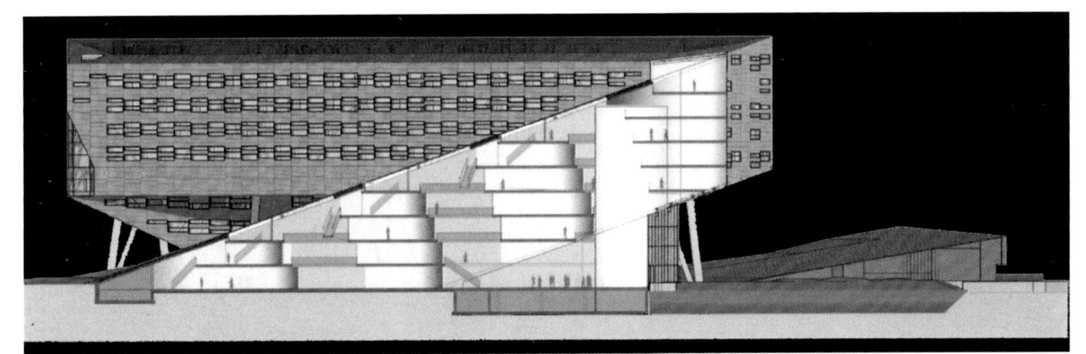

重量轻、维修率低的外墙由高度绝缘的预制聚酯板建造而成，构成整个立面的海拔高度。该建筑体系的EPC（能量系数）只有0.662——对始于2004年的设计来说，这是一个异常低的值。

横切面

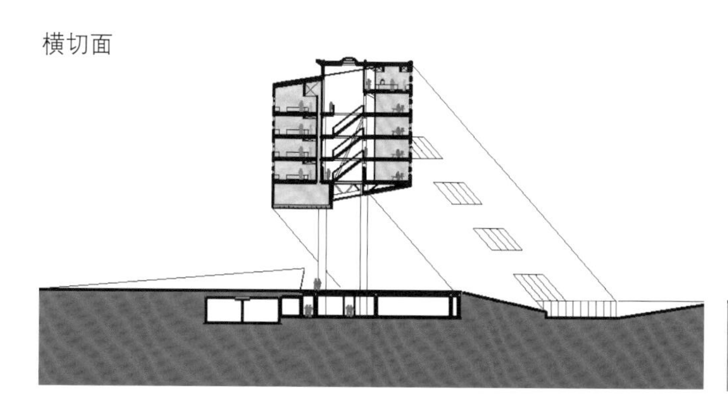

纵剖面

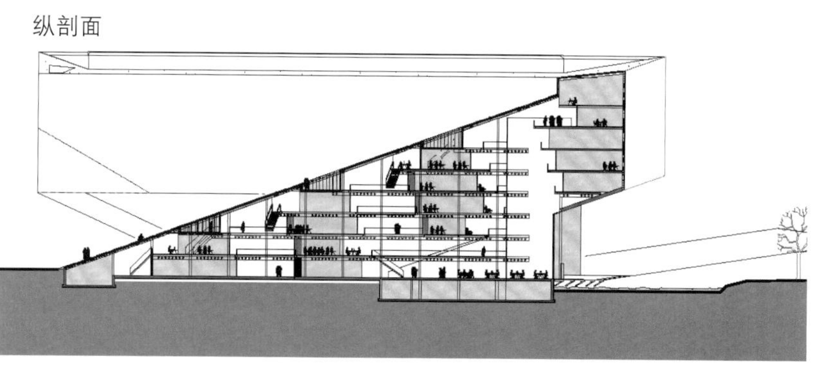

Broekbakema

温德斯海姆应用科学大学，X大楼

兹沃勒，荷兰

照片提供：Hans Morren and Menno Emmink

建筑方：
Broekbakema

位于兹沃勒的温德斯海姆大学在教育视野上的变化，意味着需要为新闻与经济学院提供一幢新的建筑。该建筑必须能够容纳不同的功能并且适应多年来不断变化的教育目标和学院中多种多样的教学风格。

灵活性是X大楼的关键因素。固定要素形成了建筑的基础结构，而在其中创造了更加具体的布局和环境的，则是那些可变要素。跨度巨大的落地平台在这未来化的结构中营造了一种高水平的灵活性。

中央大厅将组成建筑的两翼分割开来。为了促进双方之间的联通，两翼并非完全对称，而是偏移了半个楼层的高度。通过扩展到中庭两端的空中步道，使用者可以在两边不同的楼层之间走Z字形。空旷的中央大厅是一个迷人的地方，这里会发生教员和学生们之间的美丽邂逅，又能将所有楼层尽收眼底，轻松自由地学习。在这里，阳光深深地穿透进来，朝向中庭和环绕其周边步道的内部墙面大面积地使用玻璃，以便创造一个透亮的内部环境，并在不同的活动和教育团体之间增强视觉联系。富有表现力的天井屋顶设计和内部幕墙突出了光线和空间的相互作用，创造了一个易于辨识的意象。在空间内部，活泼的色彩元素制造了动态对比和一个生机勃勃的教育、互动环境。

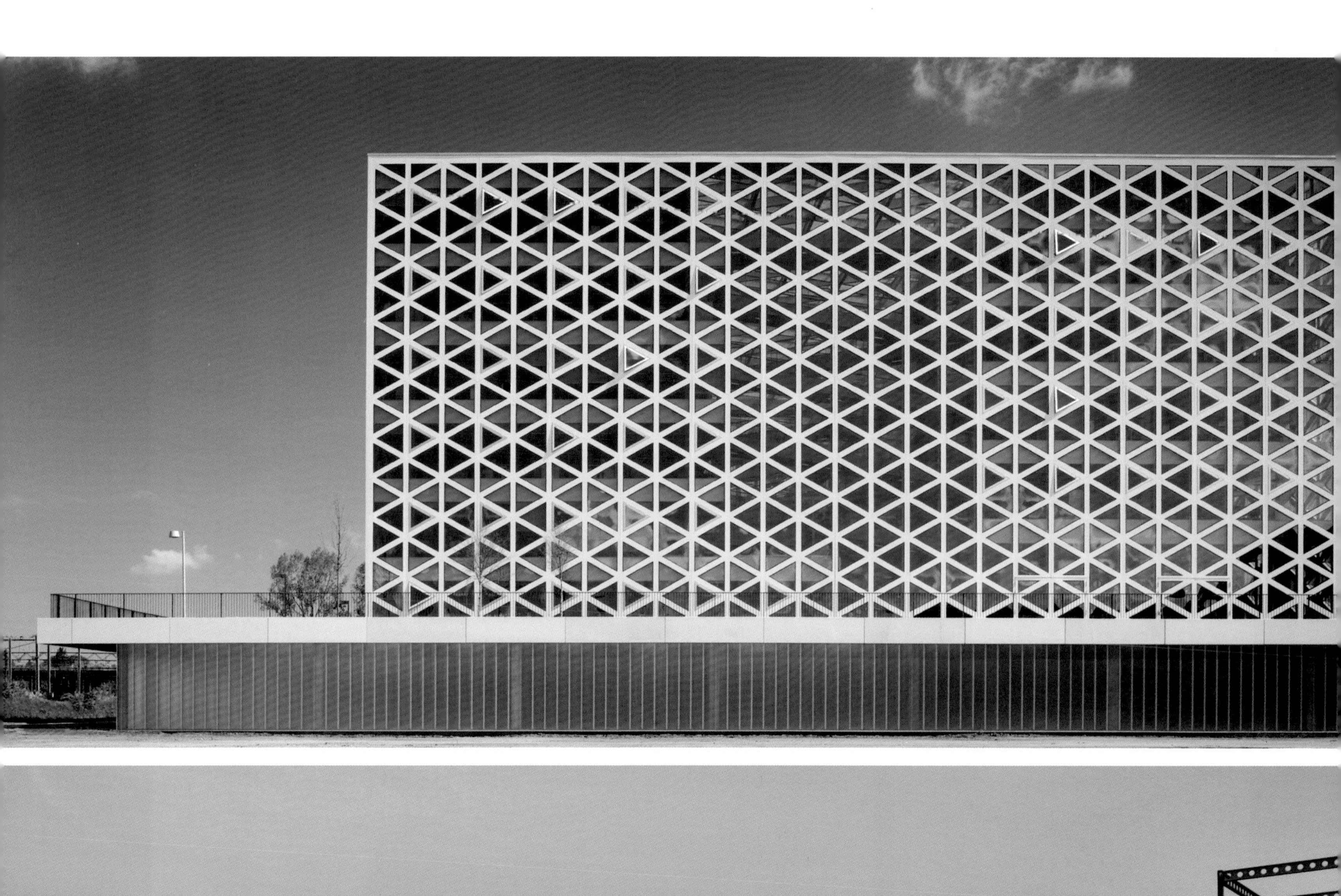

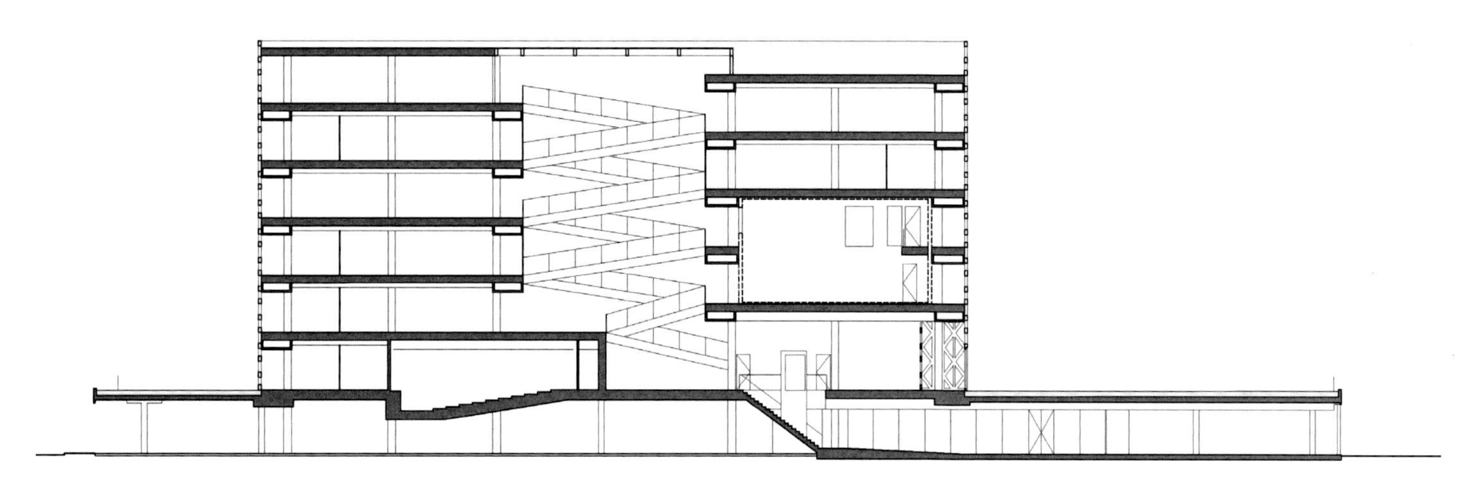

横切面

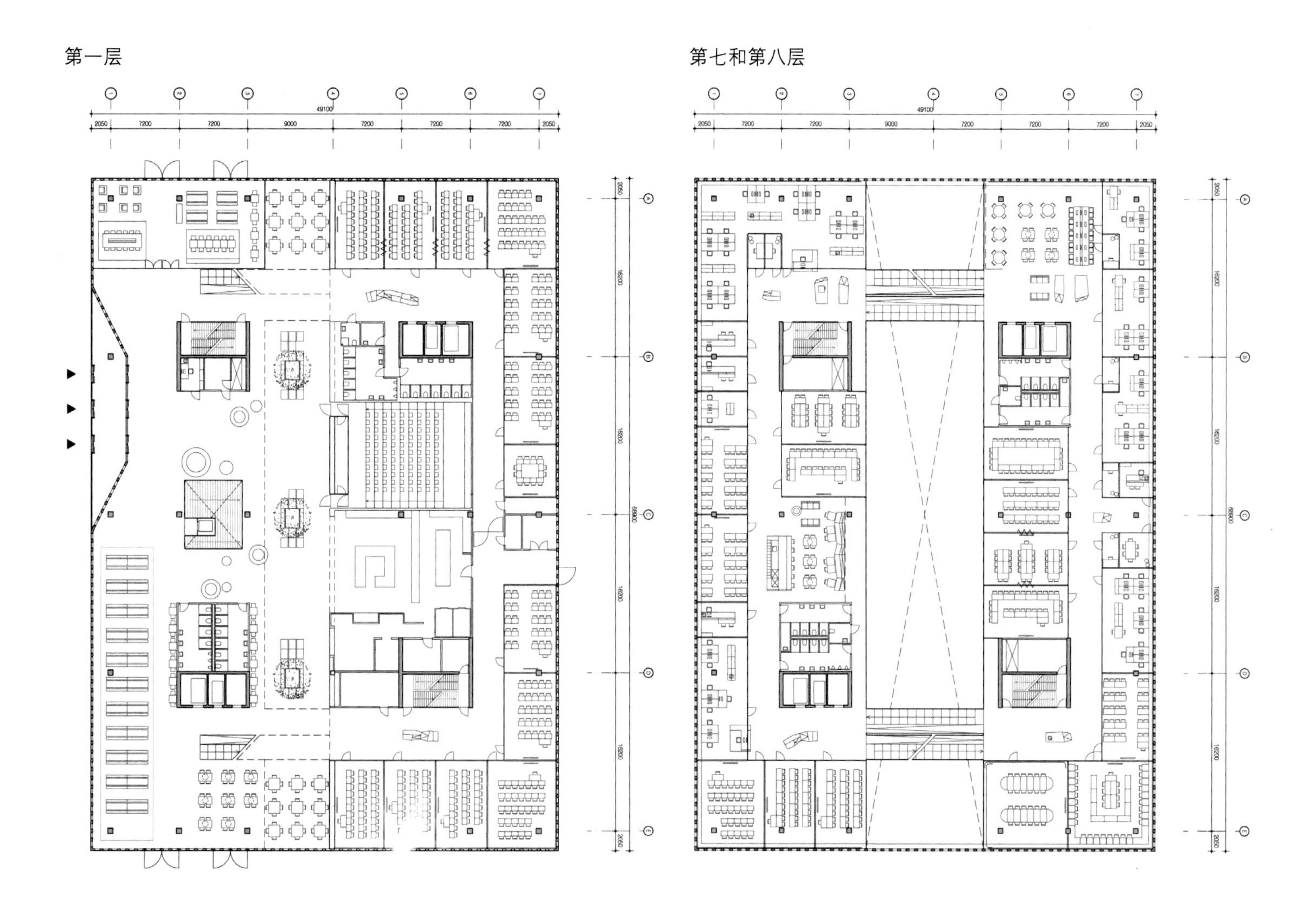

第一层

第七和第八层

为了促进双方之间的联通，两翼偏移了半个楼层的高度。通过扩展到中庭两端的空中步道，使用者可以在两边不同的楼层之间走Z字形。

“聚会分享知识”是温德斯海姆应用科学大学的核心价值观之一。围绕着X大楼的中央大厅旋转，是巨大的集会和学习空间，视觉上连接着该建筑的所有部分，这正是将这一理念转换成物理形式的应用实例。

X10

Henning Larsen Architects

于默奥建筑学院

于默奥 瑞典

照片提供：Åke E son Lindman

建筑方：
Henning Larsen Architects
建筑毛面积：
43,100 平方英尺
（4,000 平方米）

于默奥建筑学院得天独厚地坐落在于默奥河之畔。开阔的楼层平面和雕塑造型的楼梯所构成的内部景观，赋予该建筑一种强烈的艺术表现力。

作为未来建筑教育的发展中心，这幢建筑最主要的功能是帮助创造灵感。从外面看，大楼像一个立方体，每一面墙都是由落叶松的表皮和方形的窗户排成的充满活力和富有节奏的序列。

建筑的内部被设计成楼梯和分隔的动态序列，开阔的楼层平面之上，抽象的白色厢房自由地从天花板垂挂下来，过滤着透过高处天窗倾泻而下的阳光。创造一个明亮而开放的学习环境，使每个人都成为同一个房间的组成部分——只是被不同教室的分隔楼层和玻璃幕墙隔开了而已，这是主要设计目标中的一个。这一设计为知识与思想的密切交流和相互启发提供了机会。

与动感十足的中庭相比，沿着大楼幕墙的那些休息室被安置在柱和梁所形成的严密而规律的结构中间，具有一种简单而理性的设计。窗户的多变模式不仅创造了一种强烈的视觉效果，而且使光线流进了大楼，同时又提供了激动人心的河流景观。

建筑学院将会形成于默奥大学的新艺术校园的一部分，该校园意图成为一个在建筑、设计、艺术和数字文化等方面杰出的教育、科研和创业中心，其中也包括新的美术学院和艺术博物馆——两者都是由Henning Larsen Architects设计的。

本地可长期利用的材料被用来建造建筑学院。外墙覆盖层是落叶松木材，在里面，当地的桦树木材与浅色的墙面形成了一种对比，并且有利于获得良好的声学环境。抛光的混凝土地面则使室内呈现出一种粗野的工业化特征。

在设计的早期进程中，能量计算和模拟日光促进了这样一种想法：即外墙应该是不透明而有窗户的，而不能只有玻璃。这是实现能耗减低50%的一个关键因素。

通风、照明和取暖功能在承重结构中被巧妙地结合。地板下的空气通过柱和梁被输送到建筑物的屋顶，从那里通过穿孔管在大楼周围流通。

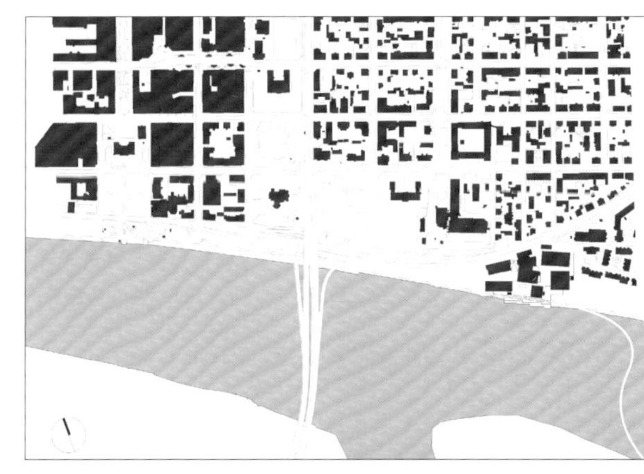

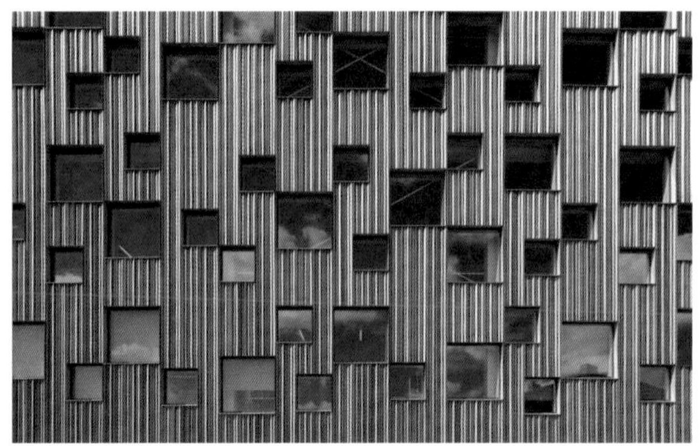

本地可长期利用的材料被用来建造建筑学院。外墙覆盖层是落叶松木材，在里面，当地产的桦树木材与浅色的墙面形成了一种对比，并且有利于获得良好的声学环境。抛光的混凝土地面则使室内呈现出一种粗野的工业化特征。

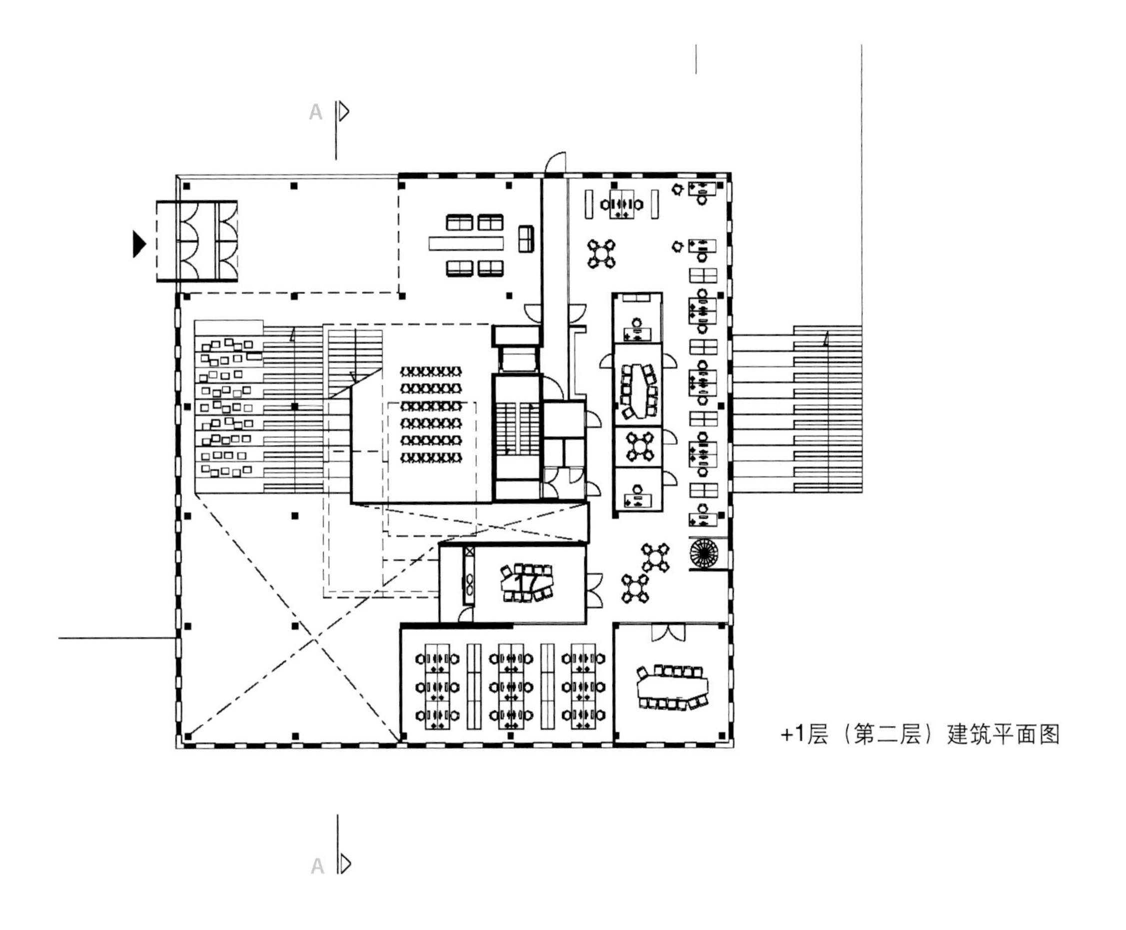

+1层（第二层）建筑平面图

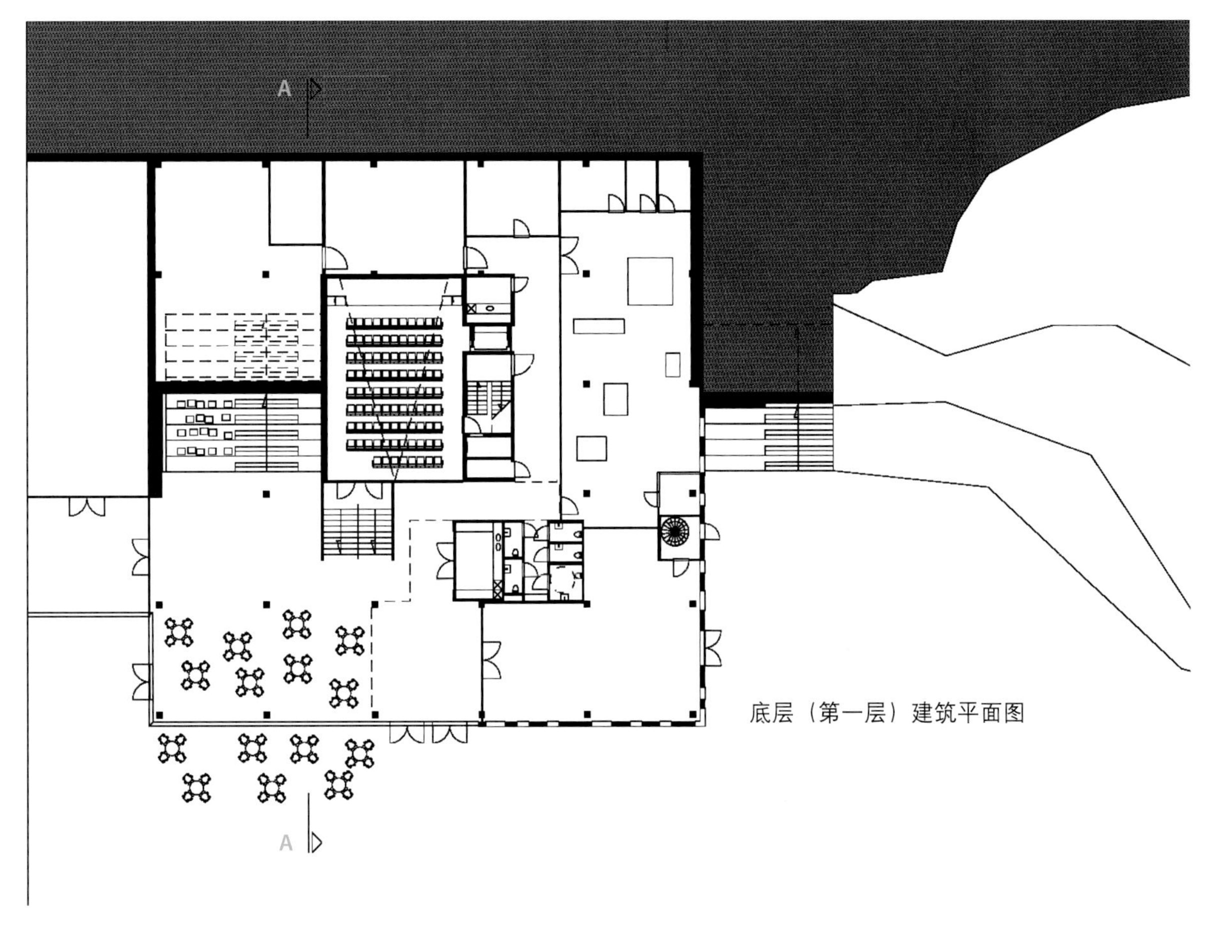

底层（第一层）建筑平面图

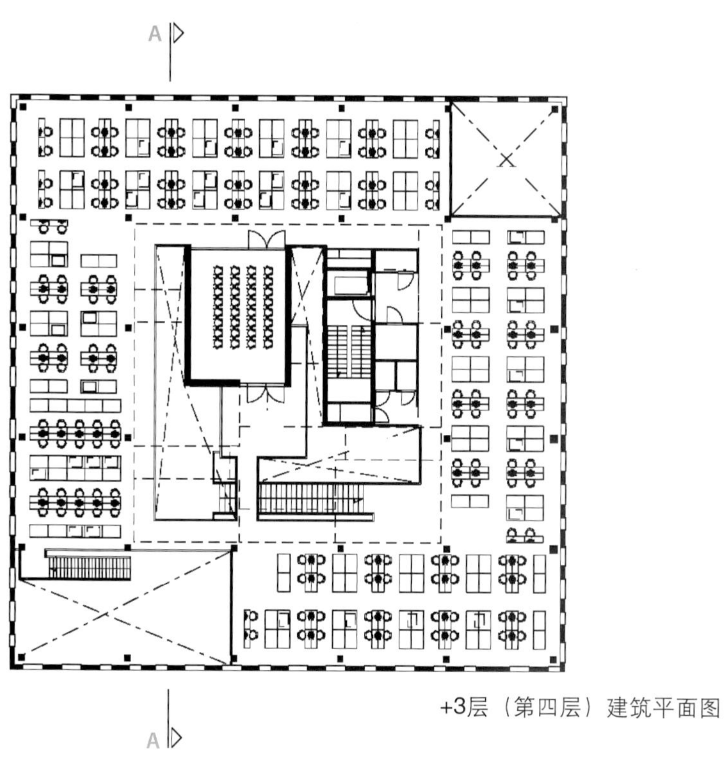

+3层（第四层）建筑平面图

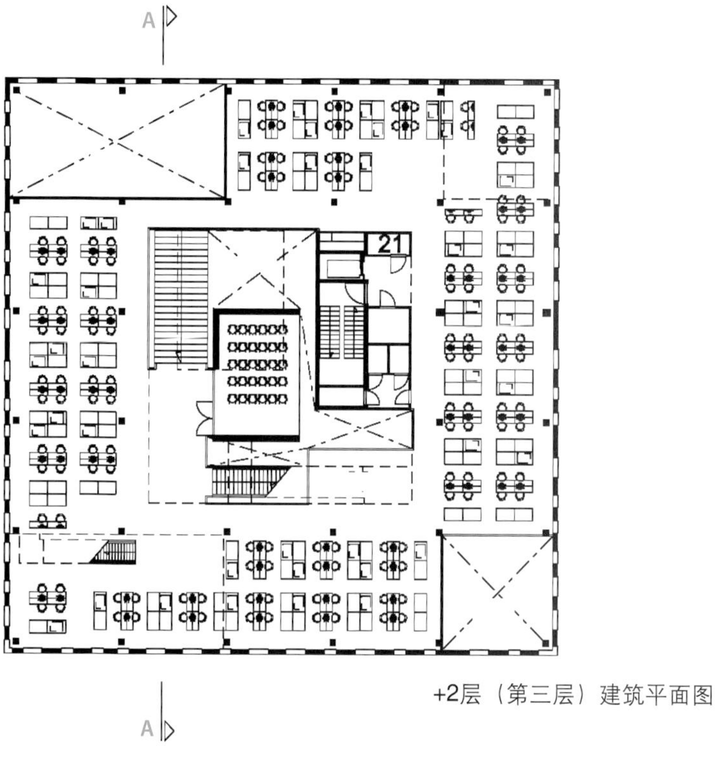

+2层（第三层）建筑平面图

建筑的内部被设计成楼梯和分隔的动态序列，开阔的楼层平面之上，抽象的白色厢房自由地从天花板垂挂下来，过滤着透过高处天窗倾泻而下的阳光。

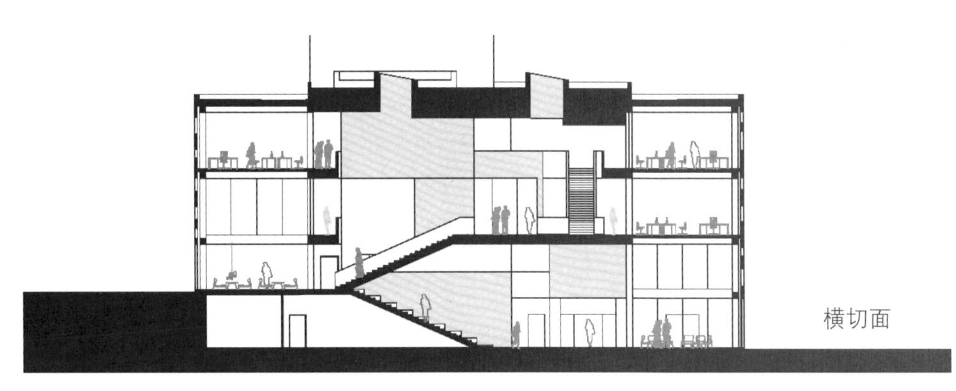
横切面

José Cruz Ovalle

阿道夫·依班纳大学，维纳德玛分校

维纳德玛 智利

照片提供：Roland Halbe，Ana Turell

这座新校园坐落在维纳德玛城的山上，在20公顷的土地上俯瞰城市、瓦尔帕莱索湾（Val paraiso）和太平洋。

校园建筑围绕在一个被开辟成大型公园的受保护庭院的周围，顺着斜坡延展。各个建筑之间通过悬浮的走道相连，这使人可以在校园里无止境地走来走去。

在设计过程中，一种新的自由状态的基本思想——与学校经验相对照——逐渐明朗。循环和静止两种行为仍然是多重的，从甲地到乙地，总有好几种路线选择，都在一个非齐次（non-homogeneous）空间内，其转向和起伏、规格和亮度的渐变，使实际的移动充满了吸引力：每一次脚步的变换都打开了一个新的视野，构成了建筑师所谓的“空间呼吸”。“空间呼吸”是一种设计方法，空间内部被看作是从虚空（viod）中产生，然后被多层次、立体式的布局逐渐展开。因此，内部虚空（inner viod）的垂直扩展不仅如同哥特式教堂那样从底部出现，也通过其三维角度、共时居住空间（simultaneously inhabited space）和悬浮的闪光虚空扩散开来。通过斜坡和走道相连、悬浮在不同高度的不同大小的形体的出现，加强了这一效果。光线投射在这些悬浮物体上，营造了一种在太空中悬浮的幻象。将一个人的步伐的持续性与一直变化着的路线和移动着的视野相连接，可以使身体得到放松，并唤醒各种感觉器官。教育可以被理解为传授和学习如何清晰地表达事物：清晰表达形状、行为、存在方式、各种事件……以及我们的思想。从这个意义上讲，教育克服了无形的阻力。当建筑触动了我们的感官时，它也能够唤醒我们或多或少在不同程度上都有的对形式的热望。也许，这就是建筑和教育之间的关系吧。

建筑方：
José Cruz Ovalle and Partners
相关建筑师：
Juan Purcel，Ana Turell and Hernán Cruz
合作者：
Soledad de la Cuadra，Critóbal Graf，Santiago Baltar，A.Monsalve，S.Undurraga，M.Castelló y J.Mahbubani
结构工程师：
Pedro Bartolomé (B&B Ingeniería)
技术监理：
Marcelo Rodríguez (PRY Ingeniería S.A.)
承包人：
Constructora Echeverría e Izquierdo
建筑面积：
47,600 平方英尺（14,500平方米）

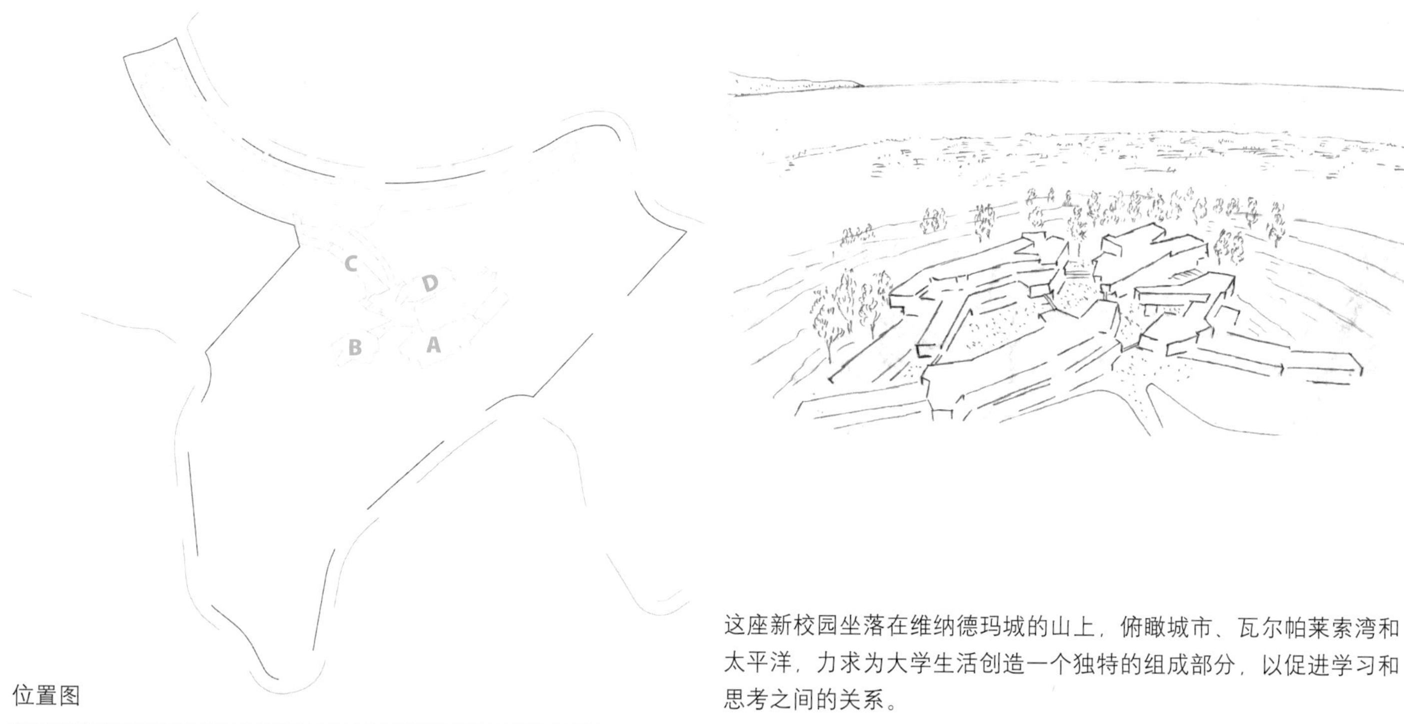

位置图

这座新校园坐落在维纳德玛城的山上，俯瞰城市、瓦尔帕莱索湾和太平洋，力求为大学生活创造一个独特的组成部分，以促进学习和思考之间的关系。

© Roland Halbe

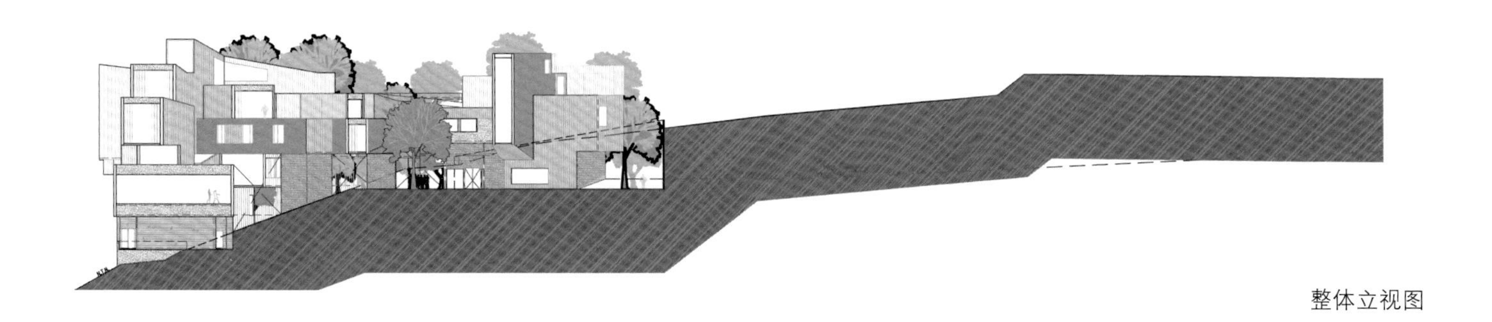

整体立视图

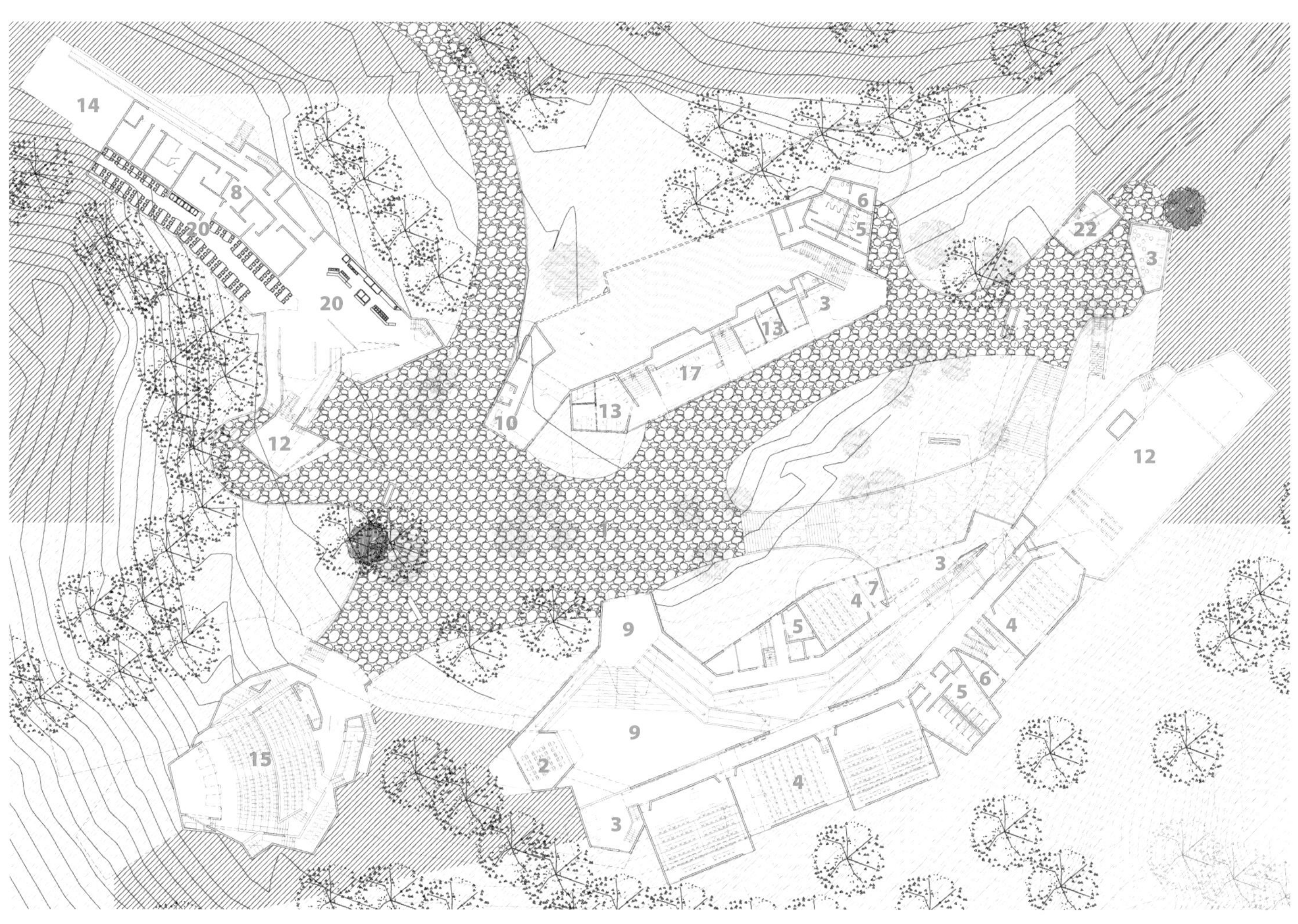

第一层建筑平面图

1. 庭院
2. 计算机机房
3. 公共休息室
4. 教室
5. 洗手间
6. 仓库
7. 会议室
8. 厨房
9. 大厅
10. 配电室
11. 研究室
12. 体育馆
13. 教员办公室
14. 服务场地
15. 礼堂
16. 图书馆
17. 秘书处
18. 教研室
19. 小教堂
20. 学生食堂
21. 教工食堂
22. 小吃部

第三层建筑平面图

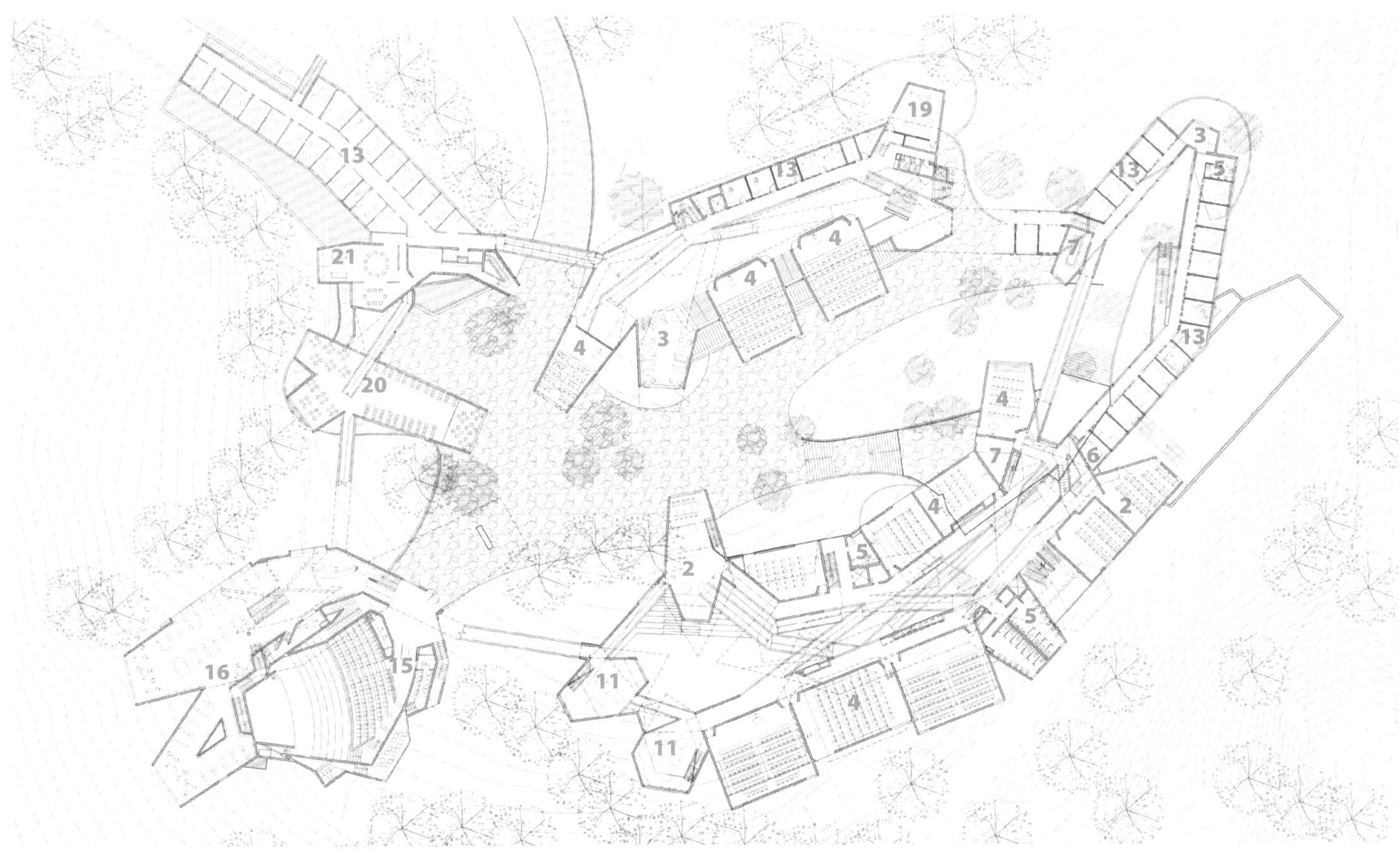

第二层建筑平面图

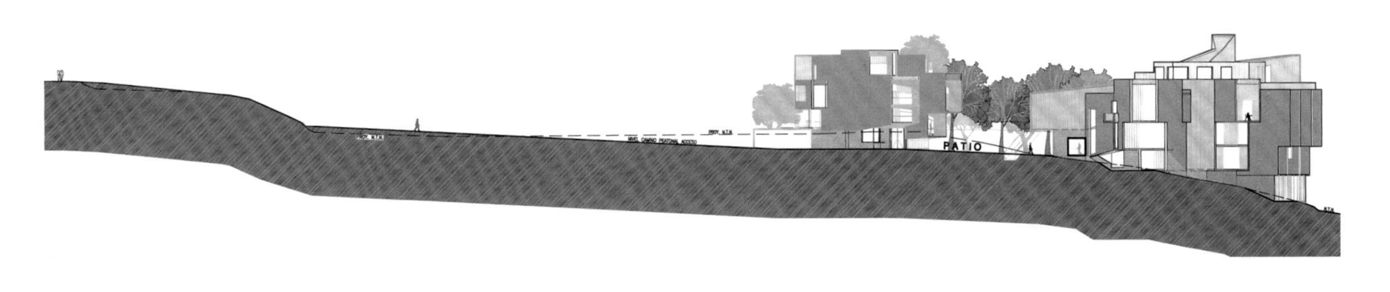

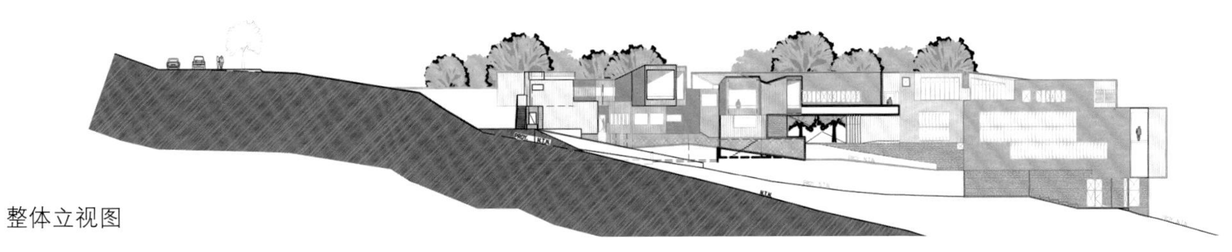

整体立视图

关键词

1. 庭院
2. 计算机机房
3. 公共休息室
4. 教室
5. 洗手间
6. 仓库
7. 会议室
8. 厨房
9. 大厅
10. 配电室
11. 研究室
12. 体育馆
13. 教员办公室
14. 服务场地
15. 礼堂
16. 图书馆
17. 秘书处
18. 教研室
19. 小教堂
20. 学生食堂
21. 教工食堂
22. 小吃部

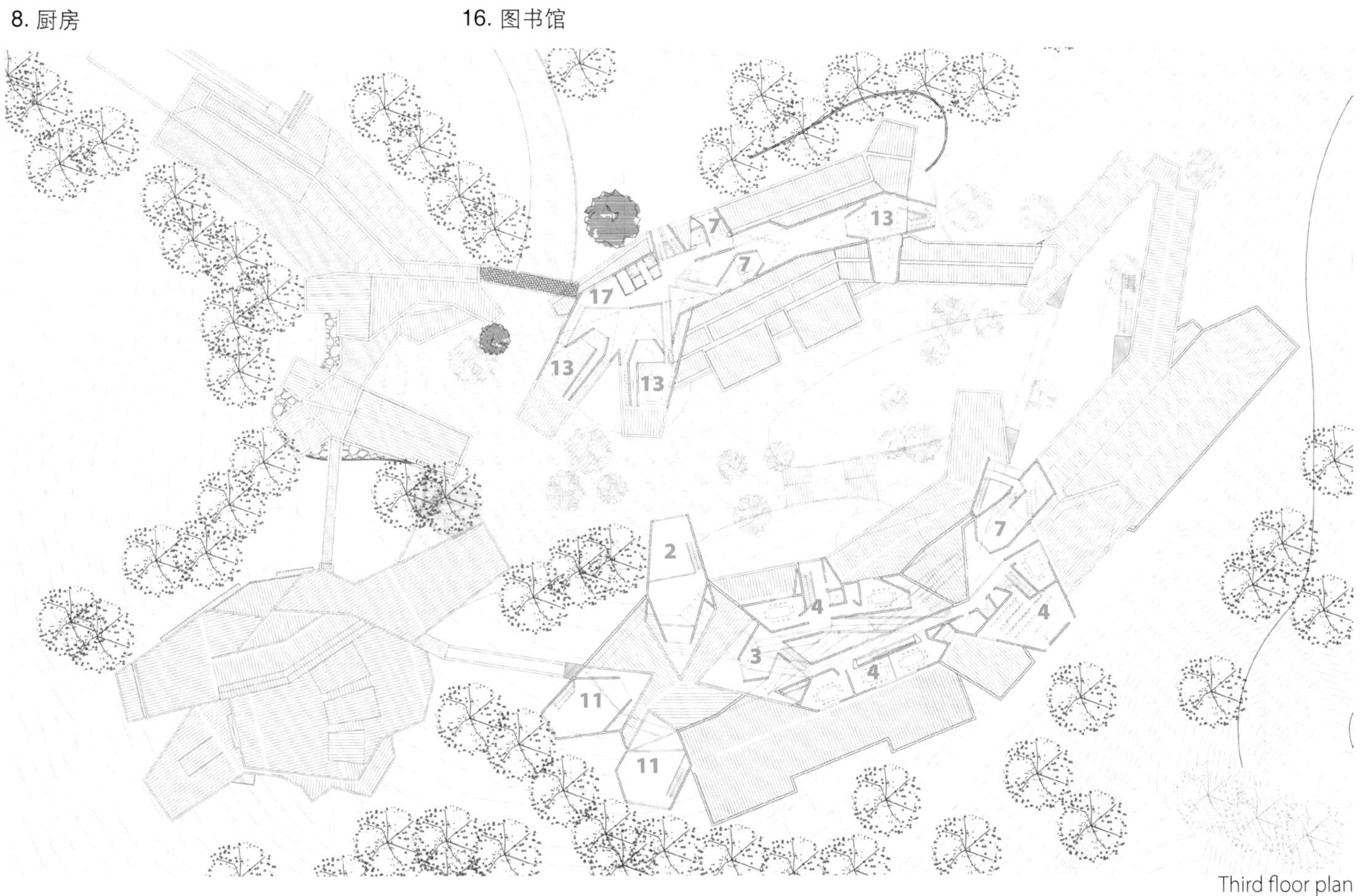

Third floor plan

校园建筑围绕在一个被开辟成大型公园的受保护庭院的周围，顺着斜坡延展。

© Roland Halbe

© Roland Halbe

© Ana Turell

© Roland Halbe

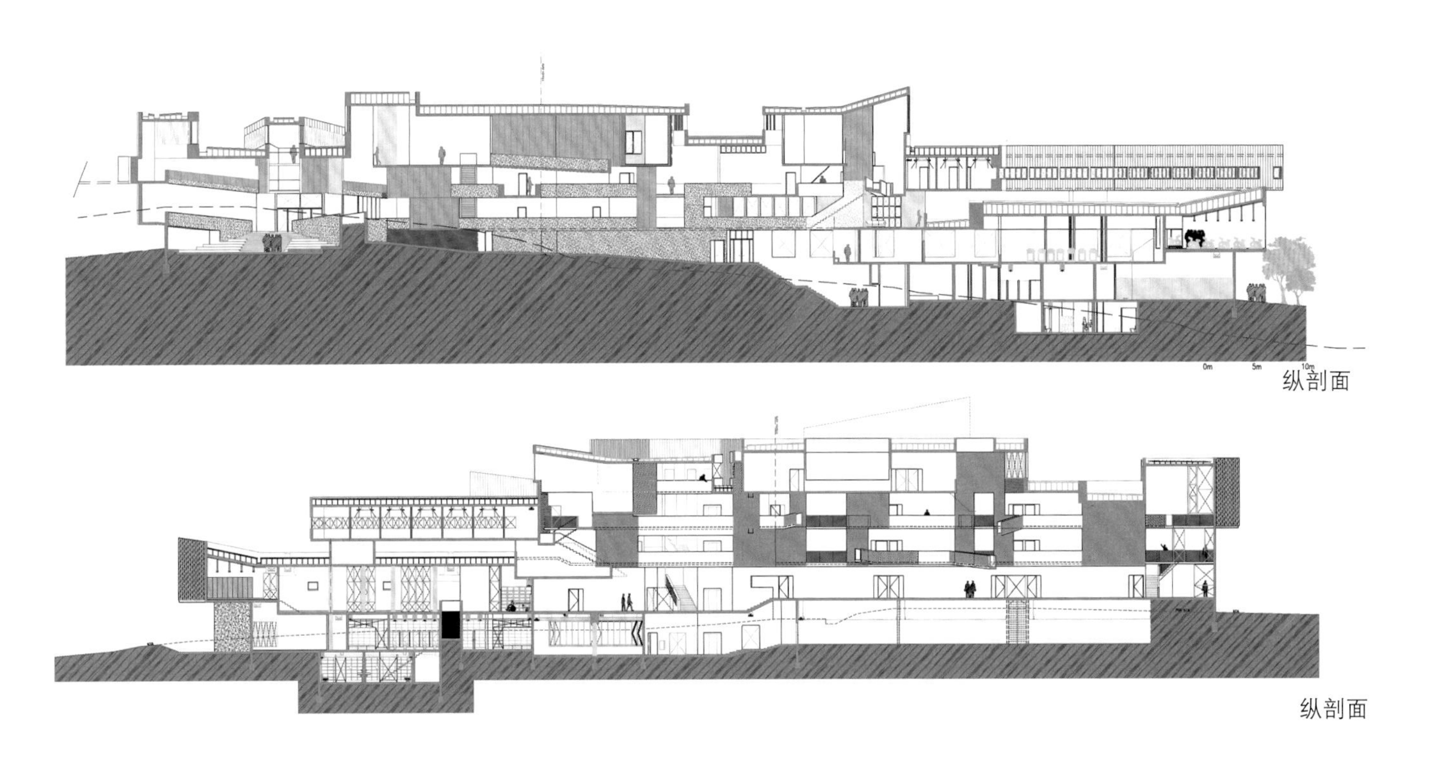

纵剖面

纵剖面

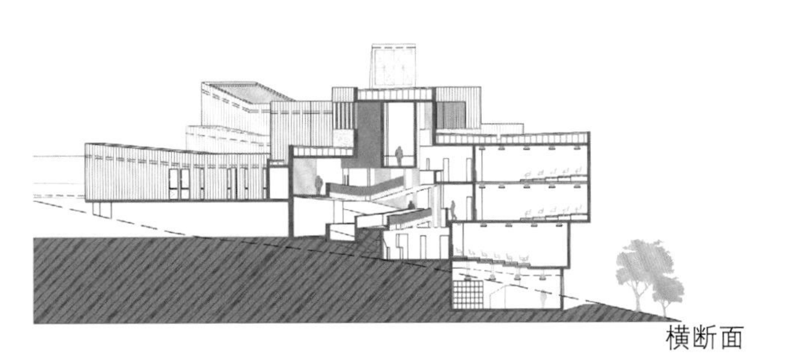

横断面

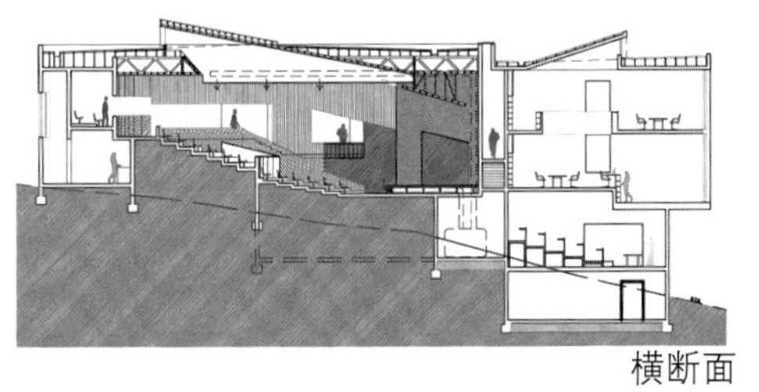

横断面

© Roland Halbe

© Roland Halbe

© Roland Halbe

SALIDA

© Roland Halbe

© Roland Halbe

© Roland Halbe

“空间呼吸”是建筑术语，用来描述他们应用于校园设计的思路。在其设计思路中，内部设计被看成是产生于虚空并以多层次、三维立体方式逐渐展现而成的。

© Roland Halbe

Saucier + Perrotte architectes

周界理论物理研究所

沃特卢 安大略省 加拿大

照片提供：Mar Cramer

在公共场所和私人领域两者之间可疑的分界线上徘徊，该研究机构力图颠覆通常由私人企业在公众范围内建立的硬性划分标准。坐落于银湖岸边、沃特卢市闹市区核心地带的北部边缘，以及市中央公园的南部边缘，毗邻大学校园和城市中心之间主要的行人通道，这里是一个泾渭分明的都市旷野。

该项设计的灵感来自构成理论物理主题的那些外延宽泛而又难以定义的概念，既是微观的又是宏观的宇宙，信息丰富，物质和形式模糊不定。在城市和公园之间，周界（Perimeter）机构扩展并填充了这个将都市和旷野一分为二的“不可能空间”。该建筑将研究所设施的安全地带圈定在一系列平行的玻璃墙之内，突出的地平面，提示这里有一个巨大的水池。北边的幕墙，隔着水池面向公园，使有机体般的建筑像是离散元素的一个缩影。南边的幕墙，面对城市的火车轨道和该市的主要干道，使研究所显得像是一个统一而又变形的实体，具有高深莫测的规模和内容。沿着倒影池，该建筑由北向南，倒映在地平面以下。

设施内部围绕着两个核心空间被组织起来——地面层的主大厅，和上一层的花园。行政空间、会议与研讨室、休闲与健身空间，以及用于研讨会和公开集会的多功能舞台，都与主大厅直接相通。东西向的走廊位于乳白色玻璃平面之间，偶尔穿透和转向，以展现越过大厅内部空间的景色。纵向流通的通道爬上这些墙面，如同植物的卷须一样从花园地面经由建筑物伸展而上。三座桥梁穿透了所有的这些平面，以及南边和北边的幕墙。这些桥梁能加速获取信息，接近各项设备和一起研究的同事。这些从形式上将研究所结合到一起的管道，正是在理论物理和日常生活之间穿越而过的“不可能空间”的各种途径。

建筑方：
Saucier + Perrotte architectes
项目团队：
Gilles Saucier (主设计师)，André Perrotte (项目建筑师)，Trevor Davies，Andrew Butler，Dominique Dumais，Eric Majer，Pierre-Alexandre Rhéaume，Anna Bendix，Sudhir Suri，Christian Hébert，Laurence LeBeux，Quinlan Osborne，Jean-Louis Léger，Samantha Schneider，Nathalie Cloutier，Christine Levine，Jean-François Lagacé，Sergio Morales，Guillaume Sasseville，Maxime Gagné，Audrey Archambault
结构设计：
Blackwell Engneering Ltd.
机电工程：
Crossey Engineering Ltd.
土木工程：
Stantec Consulting Ltd.
声音系统：
Acoustics Engineering Ltd.

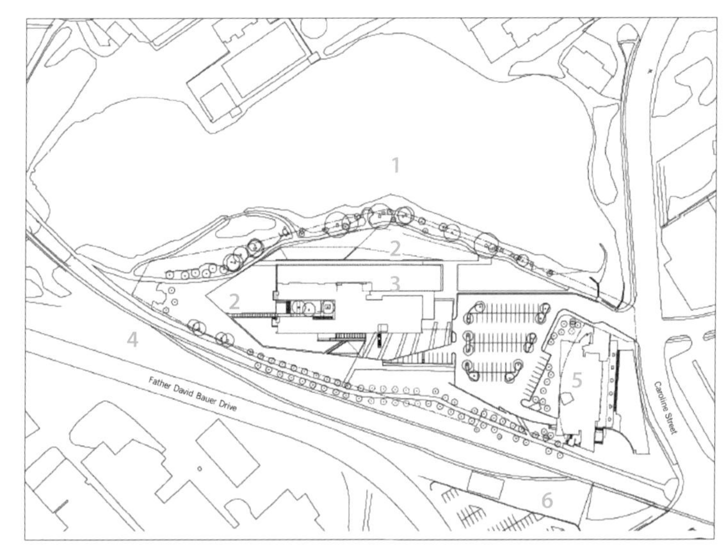

在城市和公园之间，周界（Perimeter）机构扩展并填充了这个将都市和旷野一分为二的“不可能空间”。该项设计的灵感来自构成理论物理主题的那些概念，既是微观的又是宏观的宇宙，信息丰富，物质和形式模糊不定。

位置图

1. 银湖
2. 突出的地平面
3. 倒影池
4. 火车轨道
5. 加拿大粘土及玻璃展览馆
6. 西格拉姆（Seagram）博物馆

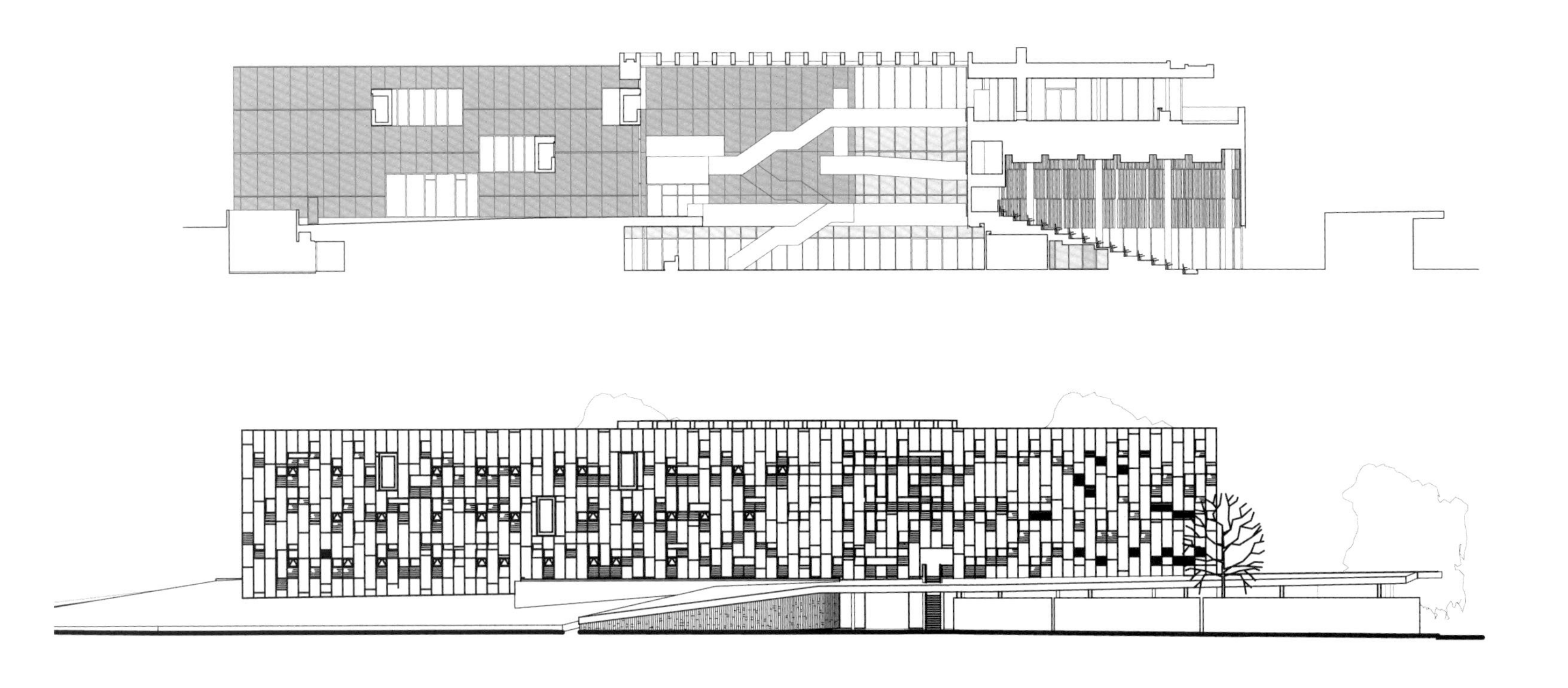

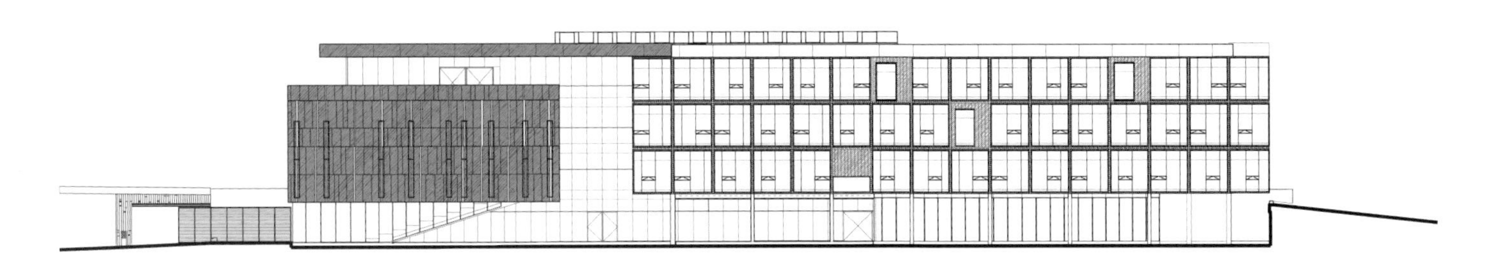

立视图

三座桥梁穿过主大厅的墙面和楼层以及南北幕墙。这些桥梁能快速接近信息、各项设备和研究同事们。这些从形式上将研究所结合到一起的管道，正是穿越理论物理和日常生活之间这个“不可能空间”的各种途径。

1. 主大厅
2. 北入口
3. 南入口
4. 阶梯教室
5. 图书馆
6. 休息厅
7. 体育馆
8. 更衣室
9. 机动空间
10. 码头
11. 仓库
12. 停车场
13. 壁球室（地下室）
14. 花园
15. 中层楼（夹层）
16. 图书馆的中层楼
17. 阅览室
18. 研究室
19. 行政办公室

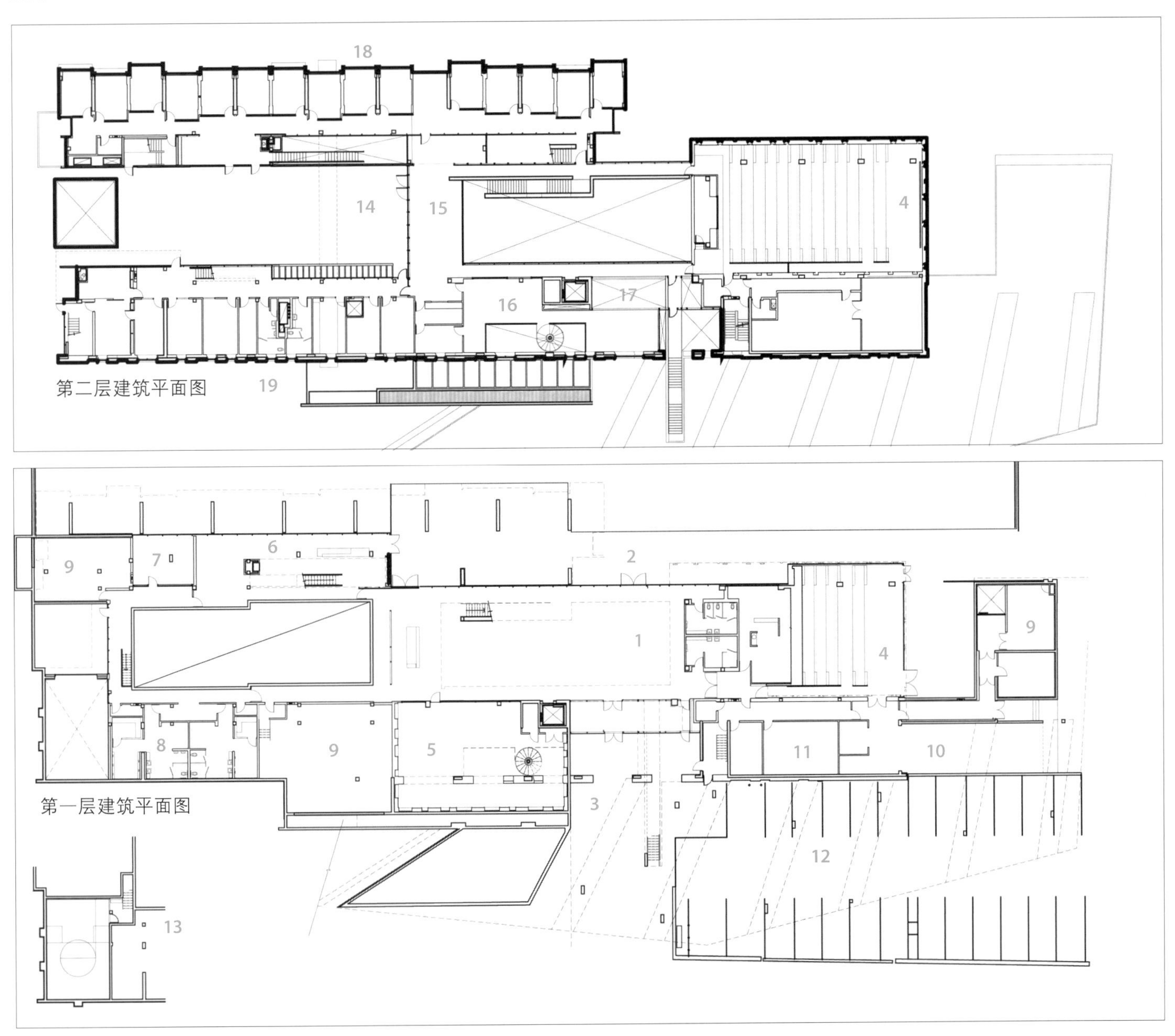

垂直流动的元素攀爬在墙面上，如同从花园里生长出来的卷须通过建筑伸展而上。

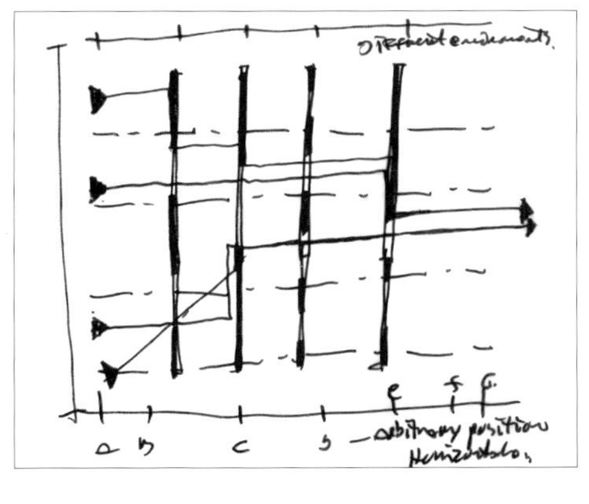

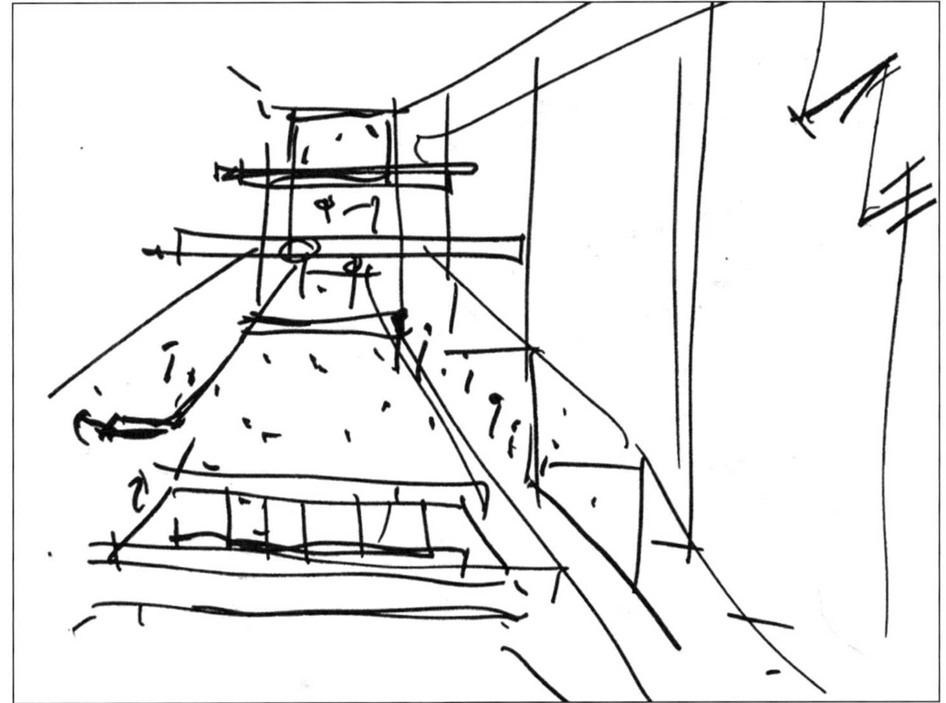

18. 研究室
19. 行政办公室
20. 专题教室
21. 会议室
22. 餐馆
23. 厨房

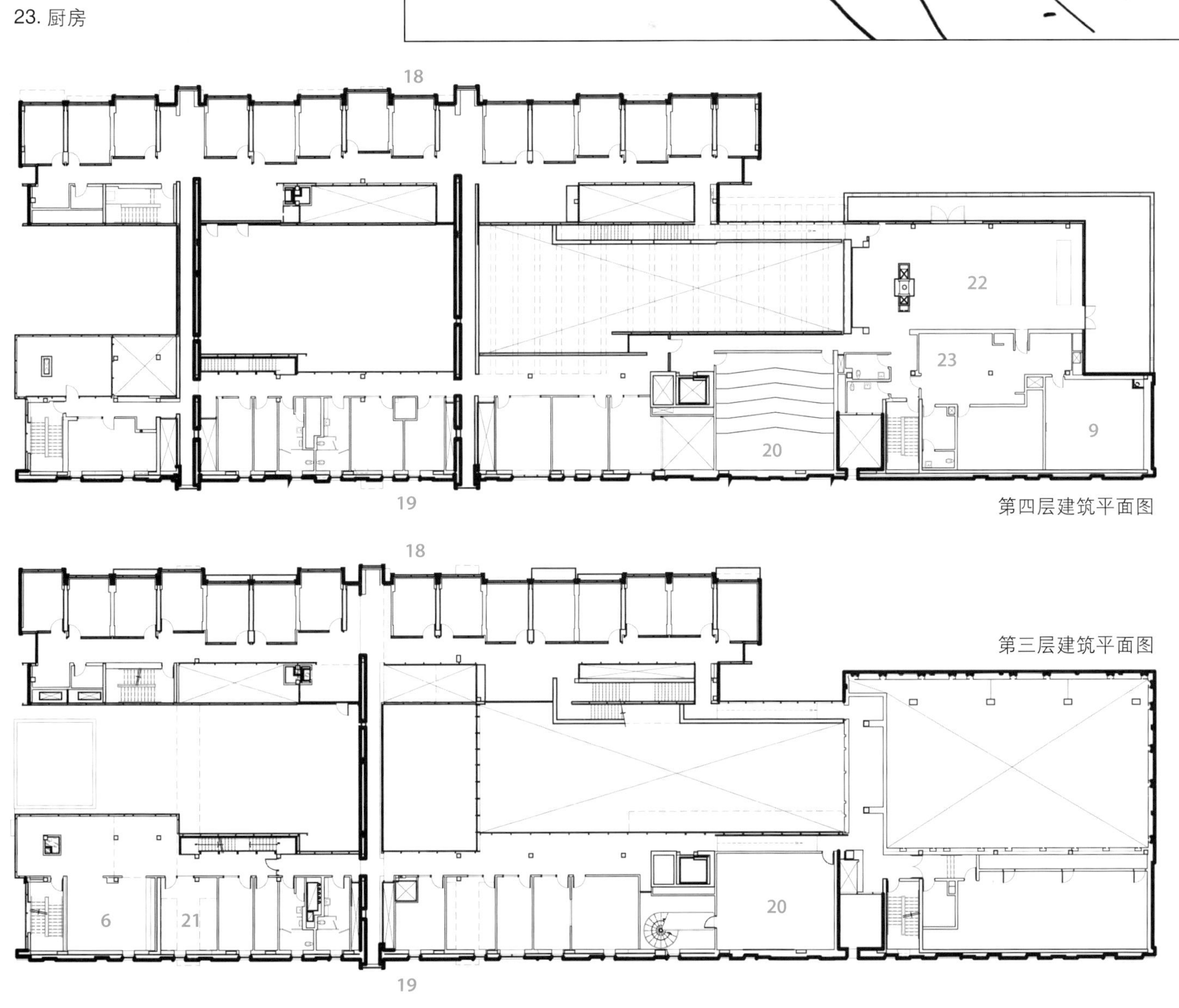

第四层建筑平面图

第三层建筑平面图

设施内部围绕着两个核心空间被组织起来——地面层的主大厅，和上一层的花园。行政空间、会议与研讨室、休闲与健身空间，以及用于研讨会和公开集会的多功能舞台，都与主大厅直接相通。

Rafael Viñoly

范·安达尔研究所

大急流城 密歇根州 美国

照片提供：Brad Feinknopf

拥有弧线状层叠梯田式天窗屋顶的范·安达尔（Van Andel）研究所位于密歇根州大急流城（Grand Rapids），它引起了附近的格兰德河（Grand River）地区的高速发展，那儿有一家尖端的癌症研究所。为了适应这块位于都市中心的形状不规则的坡地，Rafael Viñoly 的建筑师为这家成立于1997年的私立研究所设计了一个灵活的、分期实现的设施结构，可以促进研究人员的互动性并适应研究规划不停变动的需要。

建筑的轮廓来自阶梯状的地面与室内空间的双重高度及大坡度倾斜地形的相互作用。那些被隔开的弧状天窗由熔块和透明玻璃组成，能使自然光线进入屋顶下面的实验研究室，对于该类型的建筑物来说，这是一个不寻常的特点。作为规划区域中最大的一块，研究空间也是最为灵活的：所有固定设备和家具位于相邻的支持区；特有的实验室固定工作台被重新诠释为一个可移动的实验桌，集成了完整的工作照明任务和一个电源/数据管理系统，并配备了真空和特种气体管道。普通的公众流通区鼓励研究者之间进行互动。黑暗的光敏感空间，比如有350个座位的礼堂和动物生态饲养场，被安置在该建筑设在山里的较低楼层。

屋顶轮廓线出现在一个纵向混凝土形体之上，其内安置的是该建筑的多个流通中心和多种服务功能区。随着第二期在2009年底的完工，这个纵向核心现在发挥的是中央脊椎的作用。在这个核心的东部，三个带天窗的实验室楼层和行政楼层在一个主入口广场之上，面对着博斯特威克（Bostwick）街。在西边，五个这样的区带沿着山坡倾泻而下，为研究者和行政人员提供了广阔的视界，可以俯瞰大急流城的市中心以及眺望远处的格兰德河。第三层的主入口直接导向公共空间，这里有集会和活动空间、餐厅和图书馆。较低的层级包括可容纳100辆车的停车场、码头、生态饲养场和其他支持区。

建筑方：
Rafael Viñoly Architects PC
业主：
Instituto Van Andel
面积：
第1期：
163,000平方英尺（15,150平方米）
第2期：
2,241,000平方英尺（22,390平方米）

VAN ANDEL

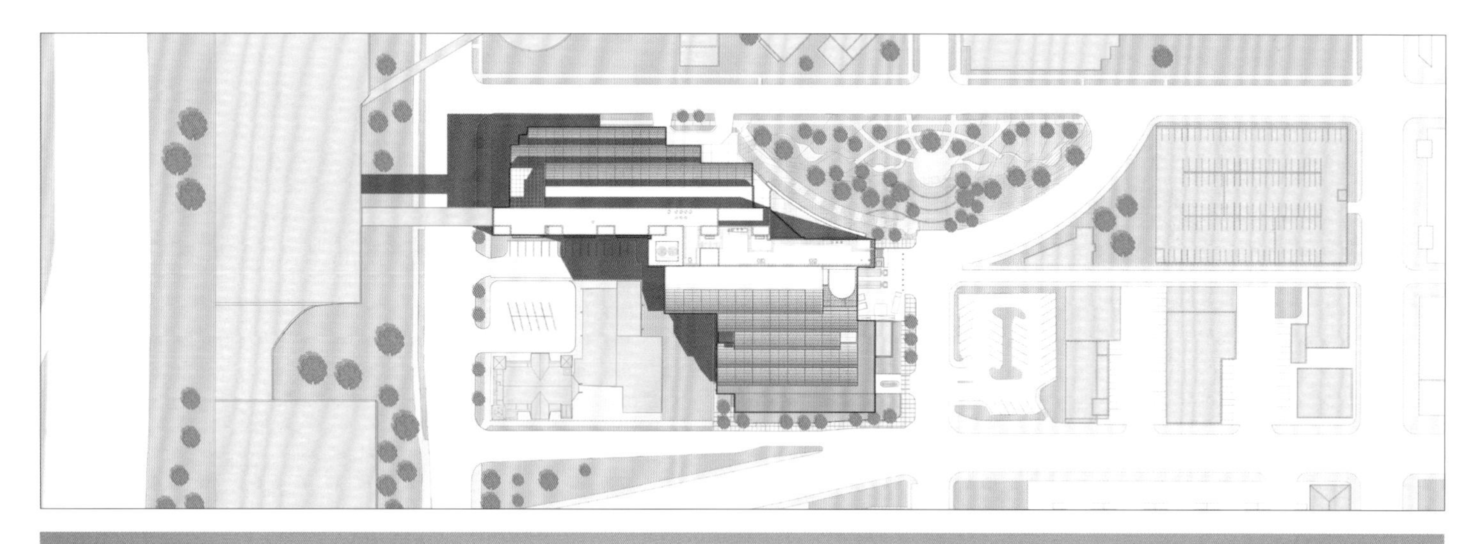

VAN ANDEL
INSTITUTE

屋顶轮廓线出现在一个纵向混凝土形体之上，其内安置的是该建筑的多个流通中心和多种服务功能区。

第五层建筑平面图

1. 门厅
2. 办公室
3. 实验室区
4. 实验室支持区
5. 浴室/ 更衣室
6. 阳台
7. 会议室

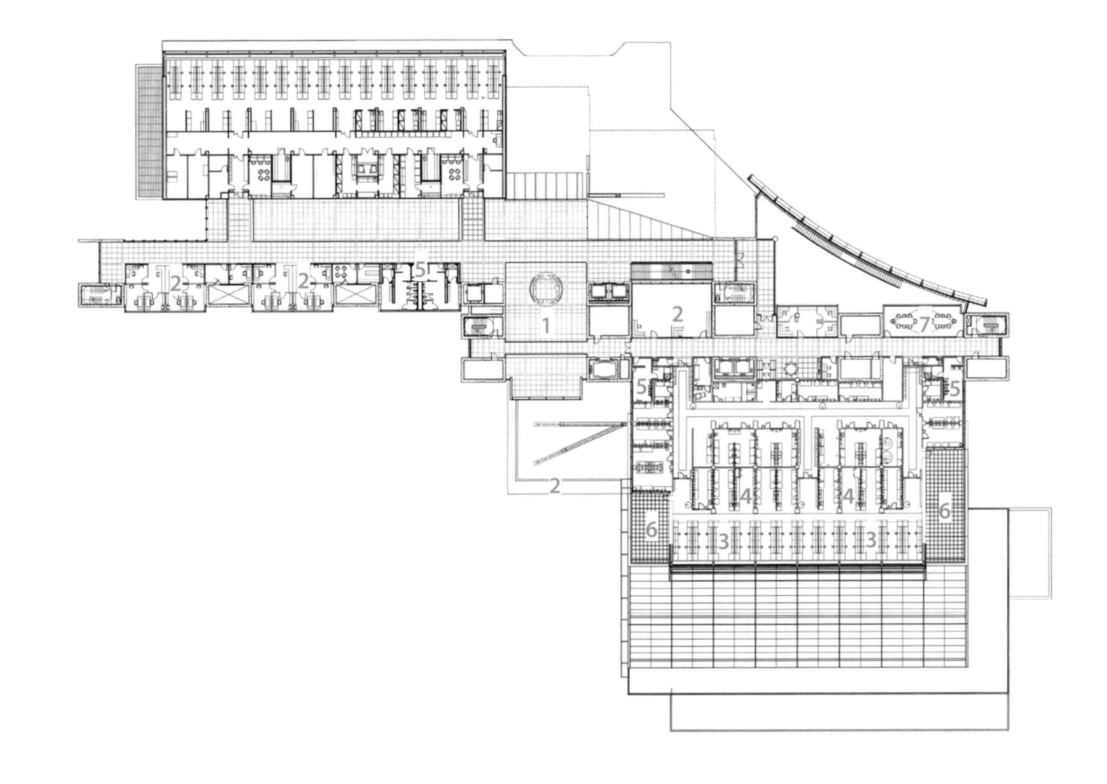

第四层建筑平面图

1. 门厅/接待处
2. 保安处
3. 会议室
4. 主要调查员办事处
5. 食堂
6. 厨房
7. 实验室支持区
8. 含325座的礼堂
9. 开放实验室

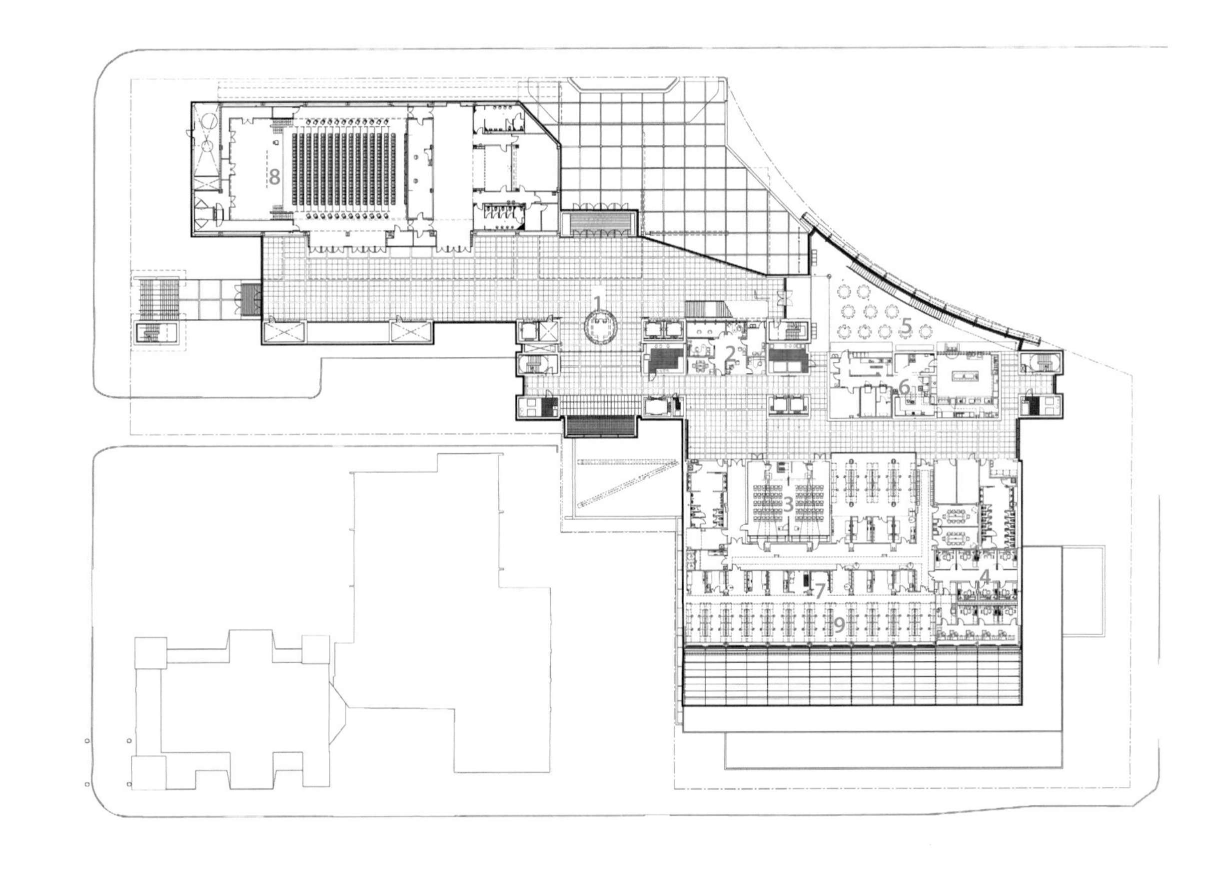

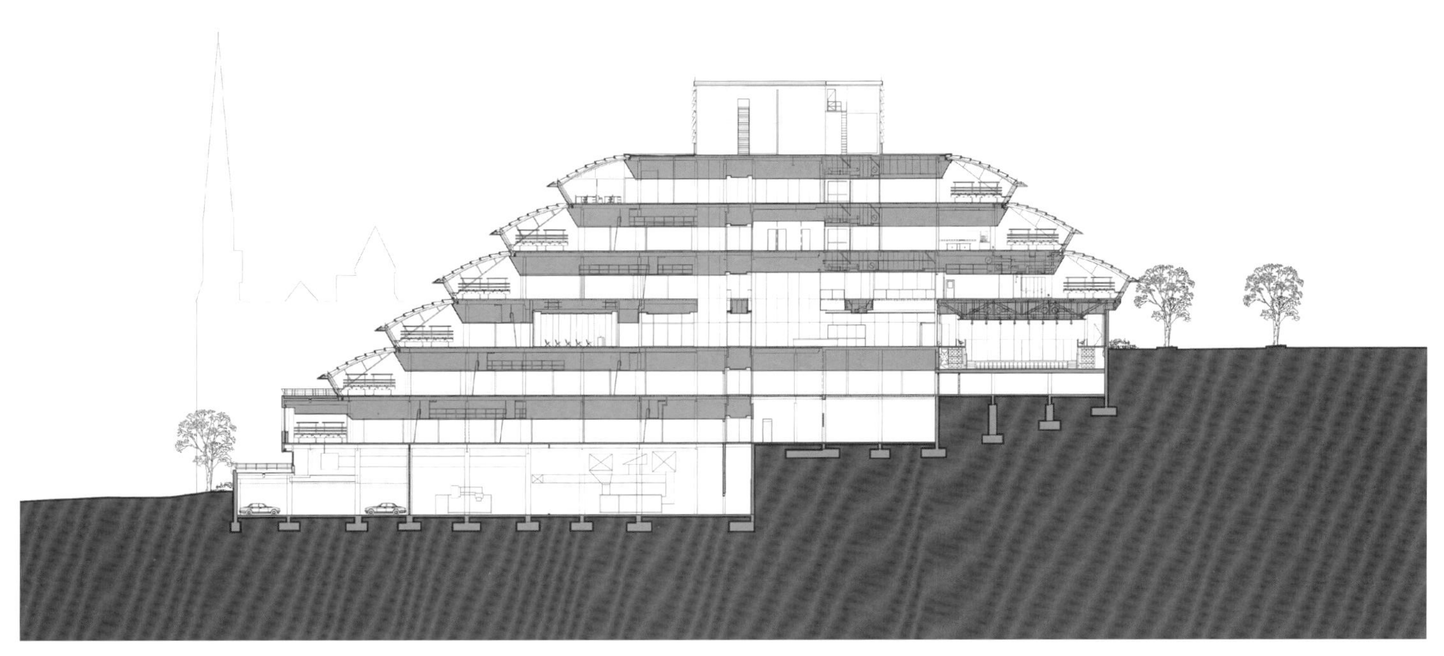

横截面

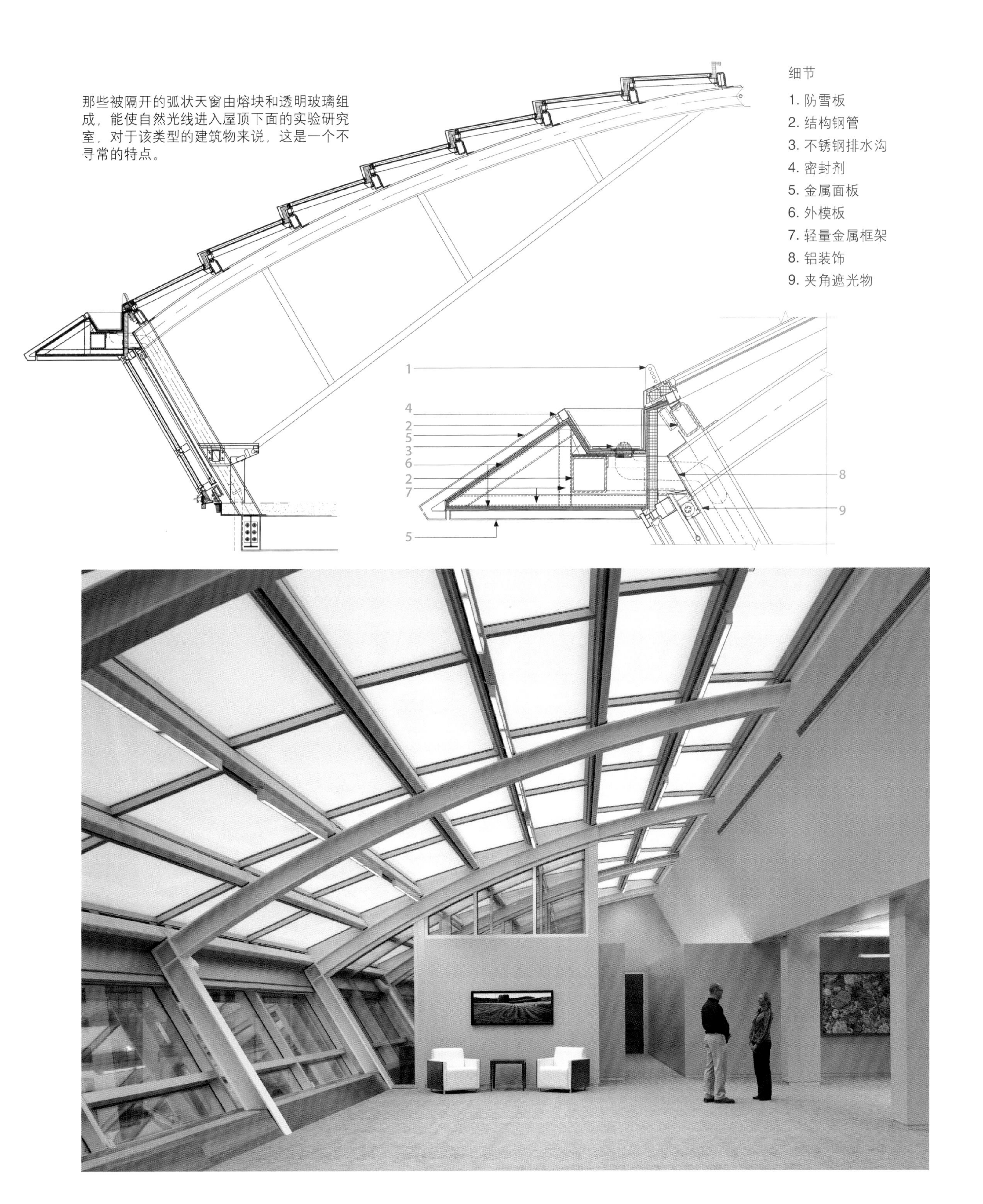

那些被隔开的弧状天窗由熔块和透明玻璃组成，能使自然光线进入屋顶下面的实验研究室，对于该类型的建筑物来说，这是一个不寻常的特点。

细节

1. 防雪板
2. 结构钢管
3. 不锈钢排水沟
4. 密封剂
5. 金属面板
6. 外模板
7. 轻量金属框架
8. 铝装饰
9. 夹角遮光物

Tétreault Parent Languedoc & Saia Barbarese Topouzanov

魁北克大学蒙特利尔分校，都市校园

蒙特利尔 加拿大

照片提供：Saia Barbarese Topouzanov

最初的魁北克大学蒙特利尔分校（UQAM）校园总体规划援引了传统校园的形象设计，根据许多其他大学的典型模式设计，也就是一个周围有许多建筑的中央绿地空间。这种布局使情况变得复杂，既要适应环境，又要使自身远离其中，同时还要寻求进行学习和研究活动所需要的宁静。

最终，绿色空间的构思被转换成一个庭院和花园的连续区，包围在建筑物之中或穿插其间。所有空间相加，使建筑结构层次分明，亭台沐浴在阳光之下。相互交织的路线网将街道入口和各个大楼的入口处连接在一起。各个空间提供了亲密的环境，是理想的聚会、讨论、放松和思考的场所。繁忙小径的两旁是成排的树木，其不规则的排列样式使人联想到森林。树木或本土物种基于植物学考虑而被选中使用，这是因为它们对城市气候的适应能力很强。新的布局方式是这样的：不同区间之间会有重叠，而且空间与直立构造物从建筑学上来说是均等的。

绿色建筑原理主要包括：保护老建筑的原意；修复一块空地；储存雨水用作盥洗和园艺；处置建筑垃圾；选择反射节能屋顶；热量回收。其他关注居住者的健康和福利问题的措施包括：最大限度地利用自然光、提供俯瞰校园和城市的视野，以及为实验室提供新鲜空气。

校园东部的三个新建筑共享一系列民主原则，但每个都分别适应其特定的计划和位置条件。周边块状庭院建筑的一种建筑语言是将光亮的玻璃入口大门朝向街道。这些建筑的总体规划经过了几何学的仔细考虑，它们螺旋式上升而后轻轻偏转，以便为景观庭院送去光明。

新的校园建筑采用一种大胆而具有象征性的覆盖策略重组了周围环境构造物的原材料审美观。魁北克大学蒙特利尔分校的"商标式"米色砖、灰色砖以及透明和半透明的彩色玻璃被用来创建一个家庭的模式。具有反光性的米色砖块的使用强调了光线在整体规划当中的重要性。

建筑方：
Tétreault Parent Languedoc & Saia Barbarese Topouzanov

业主：
Université du Québec à Montréal (UQÀM)

总承包者：
Hervé Pomerleau inc.

设计团队：
Mario Saia，Dino Barbarese，Vladimir Topouzanov，Patrick De Barros，Céline Gaulin，David Griffin，Laurence Kerr，Jean-Louis Léger，Pascal Lessard, Julie Marchand，Yvan Marion，Nadia Meratla，Marc Pape，Louis-Guillaume Paquet，Marianne Potvin，Steve Proulx，Annie-Claude Sauvé，Maxime Simard，Yvon Théoret，Sam Yip

景观美化：
Claude Cormier Architects

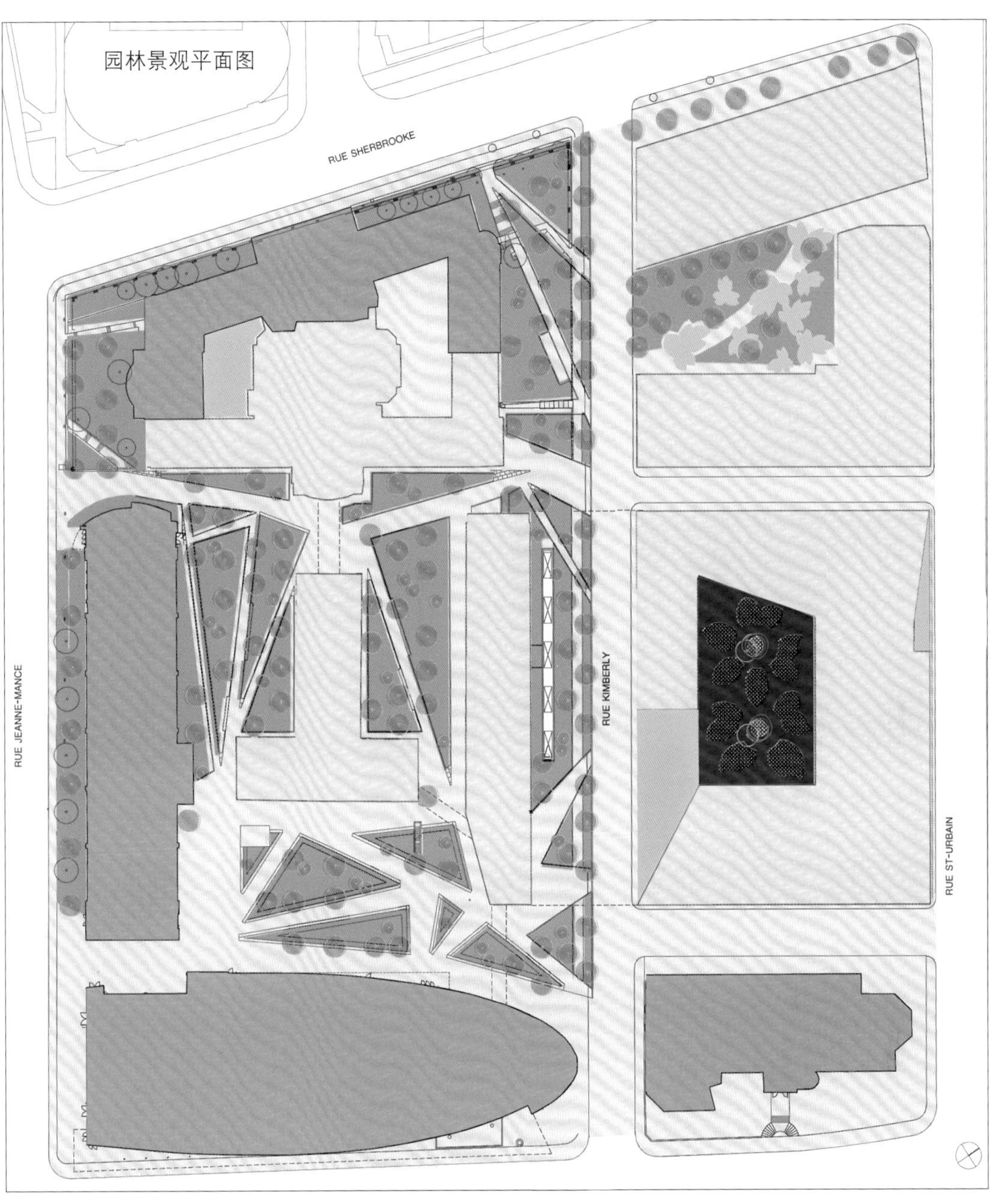

园林景观平面图
RUE SHERBROOKE
RUE JEANNE-MANCE
RUE KIMBERLY
RUE ST-URBAIN

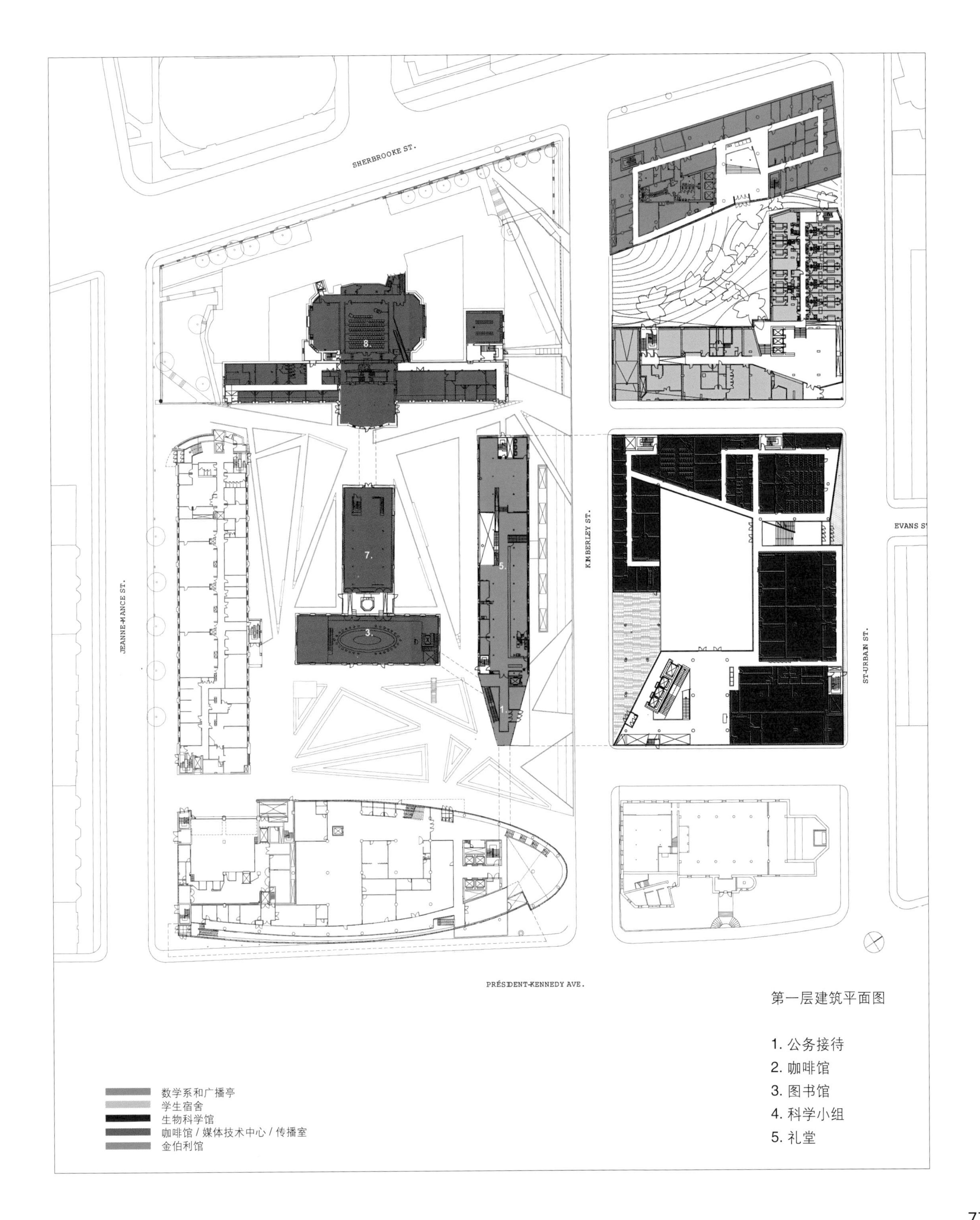

第一层建筑平面图

1. 公务接待
2. 咖啡馆
3. 图书馆
4. 科学小组
5. 礼堂

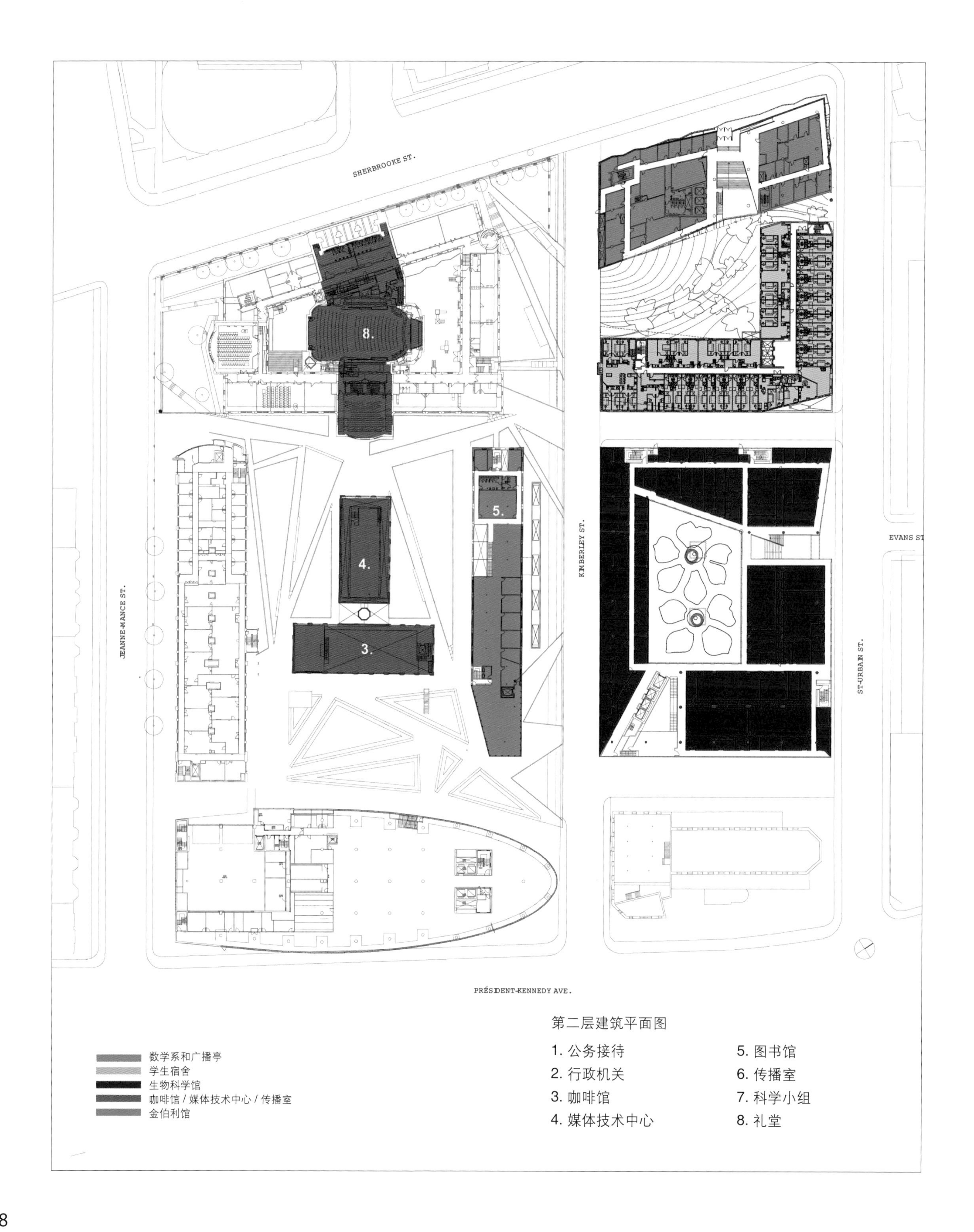

第二层建筑平面图

1. 公务接待
2. 行政机关
3. 咖啡馆
4. 媒体技术中心
5. 图书馆
6. 传播室
7. 科学小组
8. 礼堂

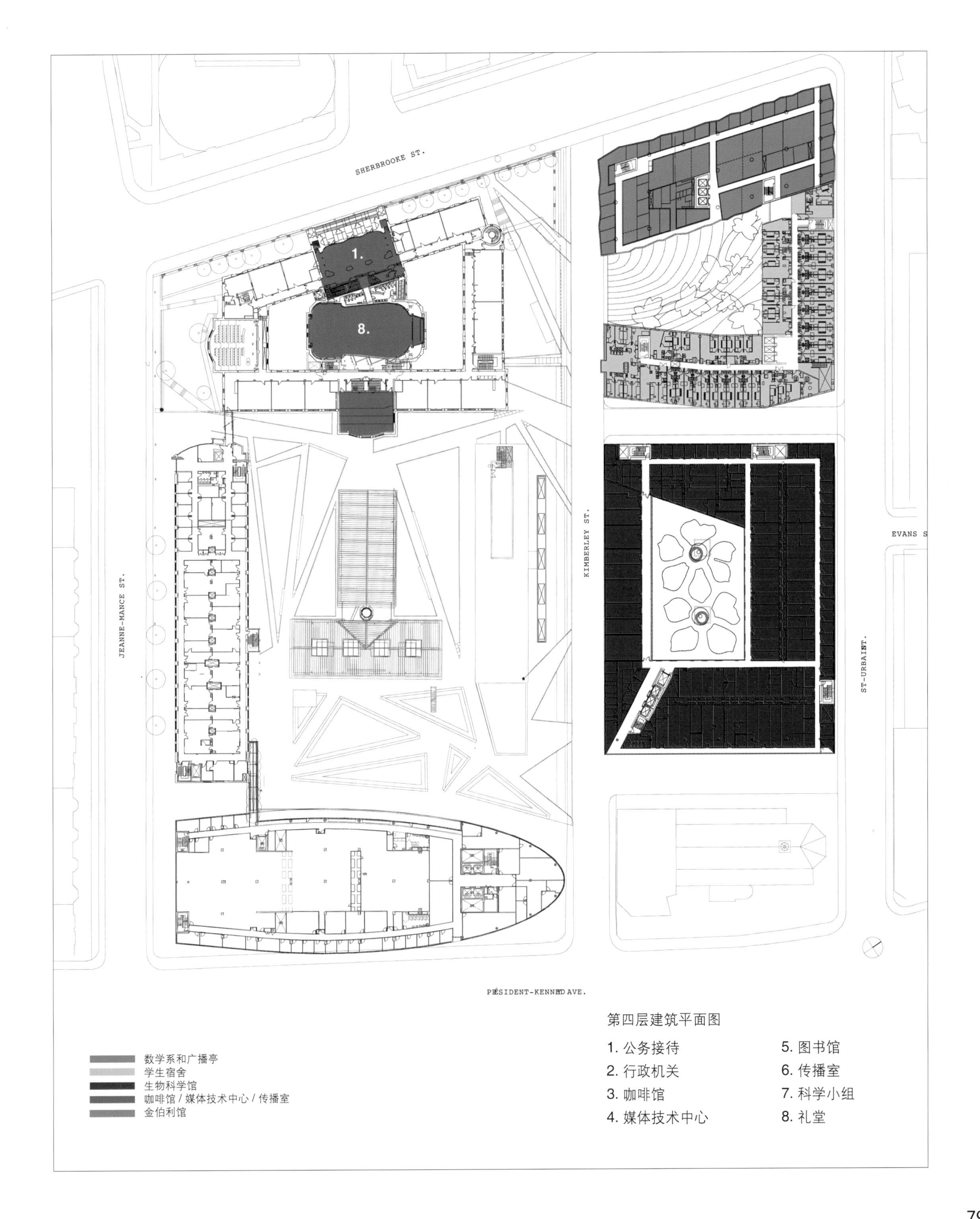

第四层建筑平面图

1. 公务接待
2. 行政机关
3. 咖啡馆
4. 媒体技术中心
5. 图书馆
6. 传播室
7. 科学小组
8. 礼堂

远程教育中心的特点是：一个有着许多丝印小圆点的连续起伏的玻璃覆盖层，以模糊的透明度将周围具有历史感的都市构造物反射或“印刷”到其多琢面的表面上。

Årstiderne Arkitekter A/S

创意学校

锡尔克堡 丹麦

照片提供：Thomas Mølvig

这个视觉和表演学校的设计起点来自周围建筑的鞍状屋顶。通过钢铁、铝和聚碳酸酯，建筑师的意图得到了实现：建筑物要通过其体积表达去适应周围的环境，同时通过材料创造自身的身份。

学校围拥着一个中央天井，这里也是主要的入口。沿着建筑的中心坐落着一家咖啡馆，通往二楼的宽阔楼梯同时也作为有坡度的座椅。楼梯后面是建筑的服务中心，包括电梯、卫生间和储藏室。

在一楼，天井通往一个巨大的韵律室和一个明亮的视觉艺术室。大量玻璃应用于这些房间的临街幕墙上，使室内的各项活动从外面也能看到。两个房间都能将其活动空间扩展到天井。这些房间的后面是八个小的器乐练习室，分成两边各有四个的间隔很小的房间。这些设施可以独立于建筑的其他部分，在学校不开放的时间来使用，因为它们有自己单独的入口。

二楼拥有几个大厅：一个舞厅，一个带有可供歌舞戏剧表演的舞台的多功能厅，一个管弦演奏厅，还有一个学前儿童活动室。所有的大厅都有高高的天花板和屋顶照明。在管弦演奏厅和多功能厅之间，是学习区和一个储藏室。教研室和行政办公室也在二楼，还有一个中庭二楼为视觉艺术和信息技术工作提供了区间。

该建筑拥有轻量的钢结构，这是一个简单而理性的解决方案。一楼前面的幕墙有一层半透明的聚碳酸酯覆盖物。后面的幕墙被设计为由学生在视觉艺术家Carsten Frank指导下完成的壁画。二楼的外墙和屋顶都被铝制品所覆盖。这些材料的选用使整个建筑显得像是不正式的车间，而这也是在该建筑内部得到实现的那些活动的一种反映。

建筑方：
Årstiderne Arkitekter A/S
设计团队：
Anders Kærsgaard，Flemming Østergaard，Daniel Olsen，Ulrik Monse
结构工程：
Søren Jensen A/S
景观建筑：
Årstiderne Arkitekter A/S
声学顾问：
AB Studie Design，Jens Bak
合作者：
Carsten Frank (视觉艺术家)

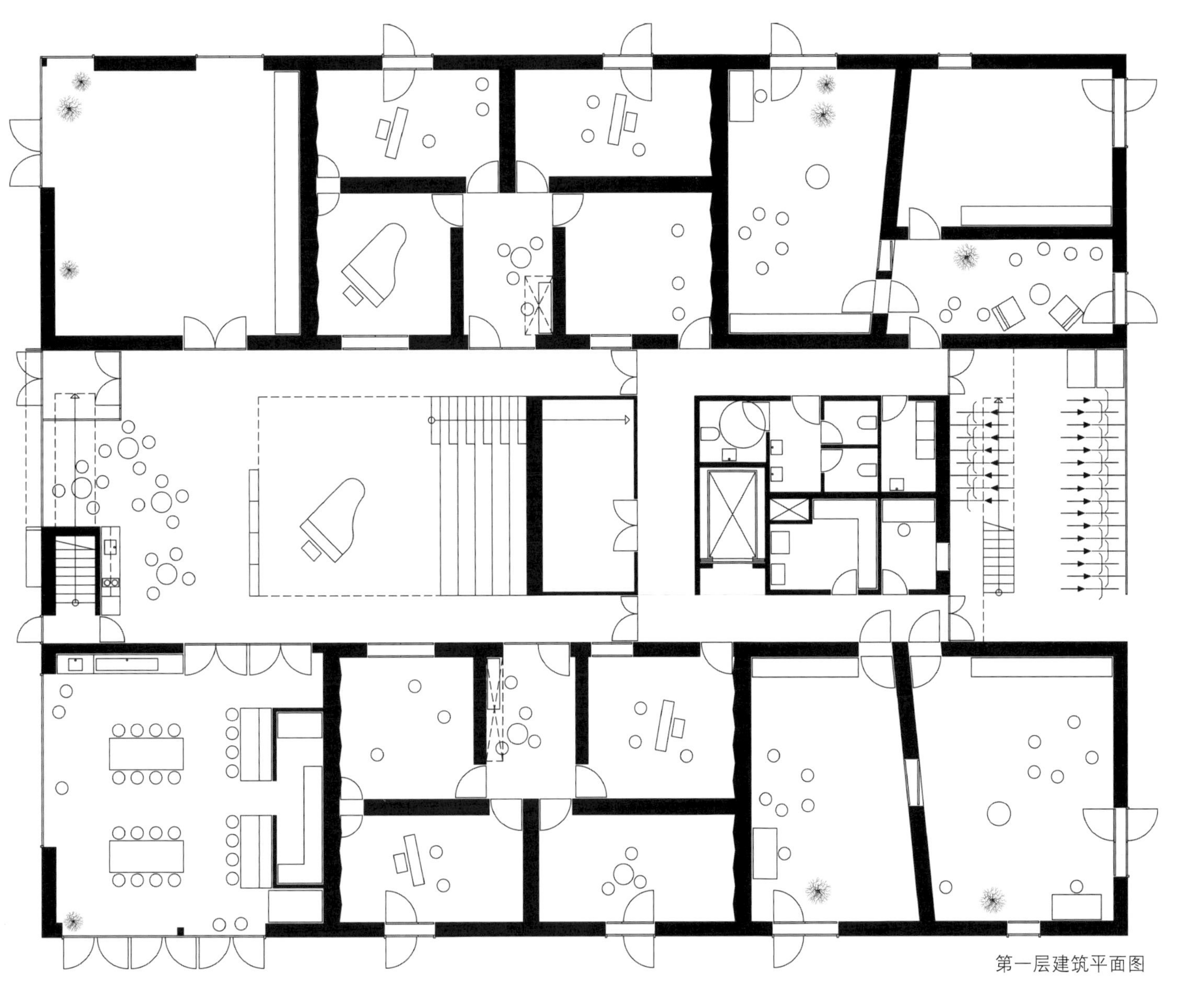

第一层建筑平面图

这个视觉和表演学校的设计起点来自周围建筑的鞍状屋顶。覆盖着钢铁、铝和聚碳酸酯，建筑物通过其体积表现方式去适应周围的环境，同时通过材料创造了自己的身份。

第二层建筑平面图

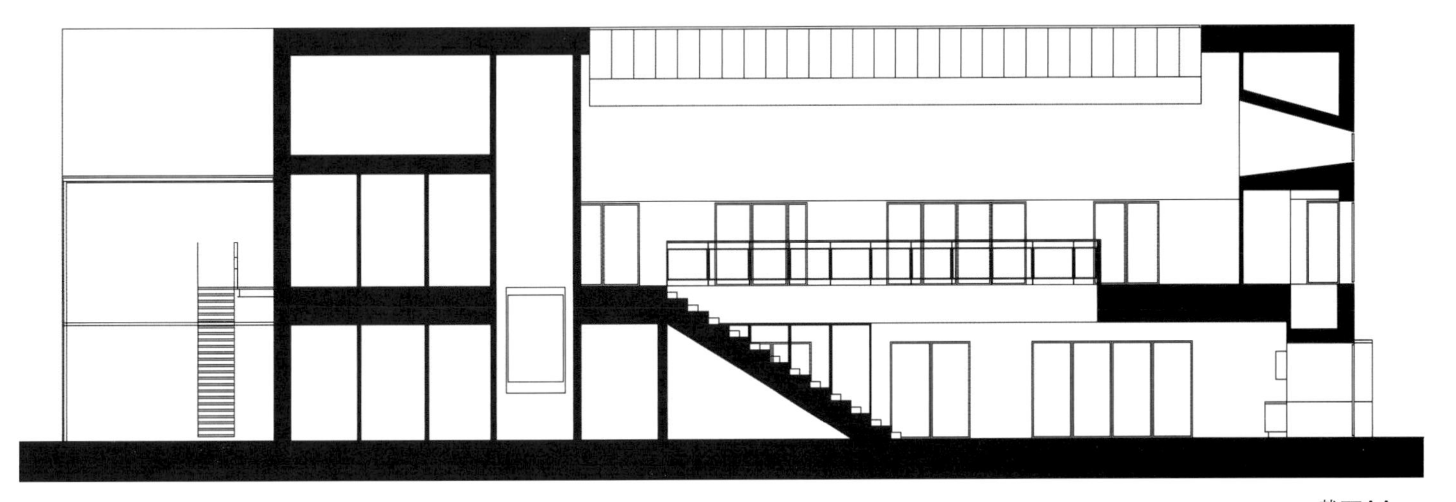
截面AA

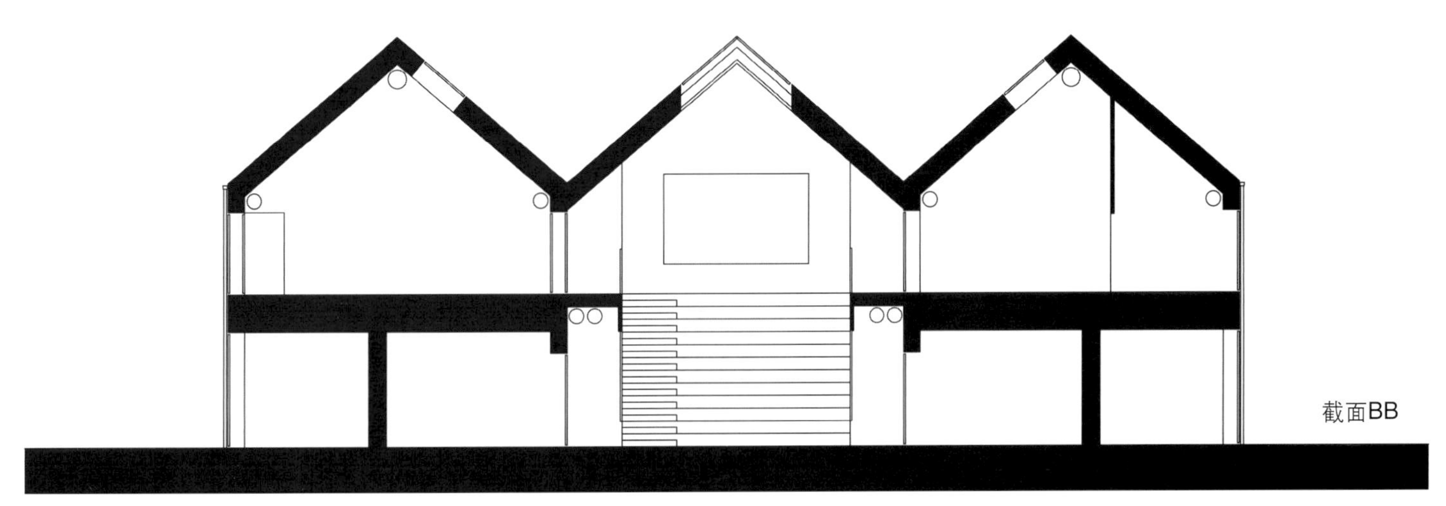
截面BB

C. F. Møller Architects

维达斯·百令创新园

霍森斯 丹麦

照片提供：C.F. Møller Architects

在扩建丹麦霍森斯的维达斯·百令（Vitus Bering）大学的一幢建于1970年代的校园建筑时，背后的设计理念是将教学工作场所与创业启动办公设施相结合。

新的大楼设施坐落在砖砌基座上，直接传承了原有综合楼的建筑风格，但是新楼的与众不同仍是显而易见的。

建筑充满活力和创新的特色通过使用螺旋造型表达出来。幕墙上的玻璃窗带沿着对角线向六层高的建筑攀升，带来一种持续螺旋的印象。同时楼内也有一条绿色的纤维水泥主楼梯，顺着中庭螺旋状向上衔接起每个楼层。建筑倾斜的外形也具有实用价值，它允许必要的防火梯穿过建筑。

建筑的布局简洁而灵活，可整合各种不同功能，也能适应多种改造。巨大的绿色动感楼梯通往公共聚会场所和屋顶平台，在平台上人们能欣赏到霍森斯湾的美景。楼梯着陆于每个楼层的不同位置，因此促使整个中庭成为建筑物的中央枢纽。中庭上方是对角划分的屋顶，上面的许多圆形采光天窗使屋顶显得很活泼，屋顶的一半面积是公共平台。

维达斯·百令（Vitus Bering）创新园是丹麦低能耗水平为一级的最早的办公综合楼之一，这意味着其能效两倍于丹麦建筑条例要求的最小值。能耗的低水平通过如下因素获得：保温效果极佳的玻璃窗和在所有建筑外部墙面上添加额外保温层。建筑的另一大特色是智能空调系统，它能根据每个房间的人数来自动调节功率。

建筑方：
C.F. Møller Architects
景观建筑：
C.F. Møller Architects
工程：
Grontmij | Carl Bro
承包人：
Pihl & Søn A/S
业主：
University College Vitus Bering
建筑面积：
86,100平方英尺（8,000平方米）

概念图解

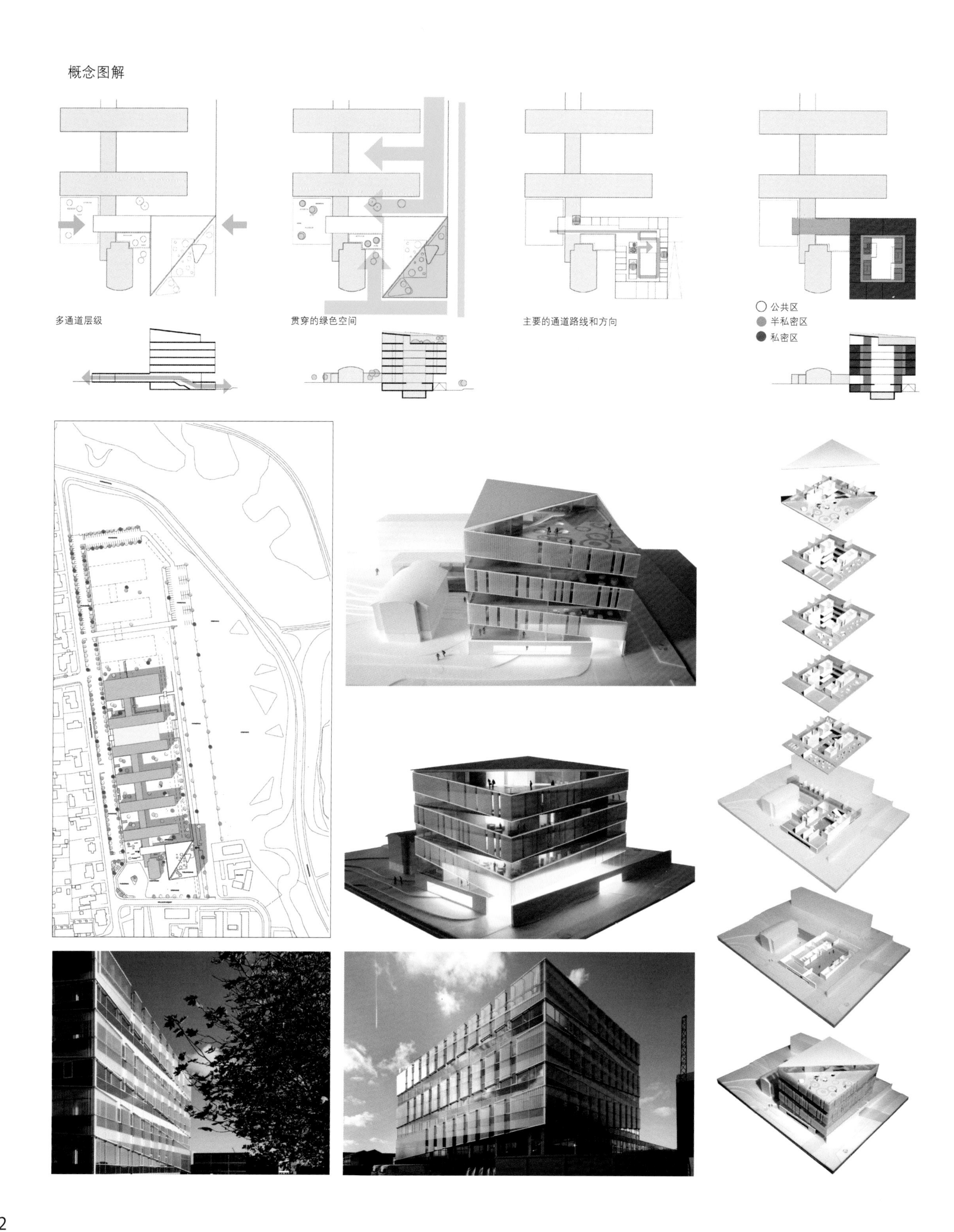

南立面

北立面

通过使用螺旋造型，充满活力和创新的建筑特色被表达了出来。幕墙上的玻璃窗带沿着对角线向六层高的建筑攀升，带来一种持续螺旋的印象。

西立面

东立面

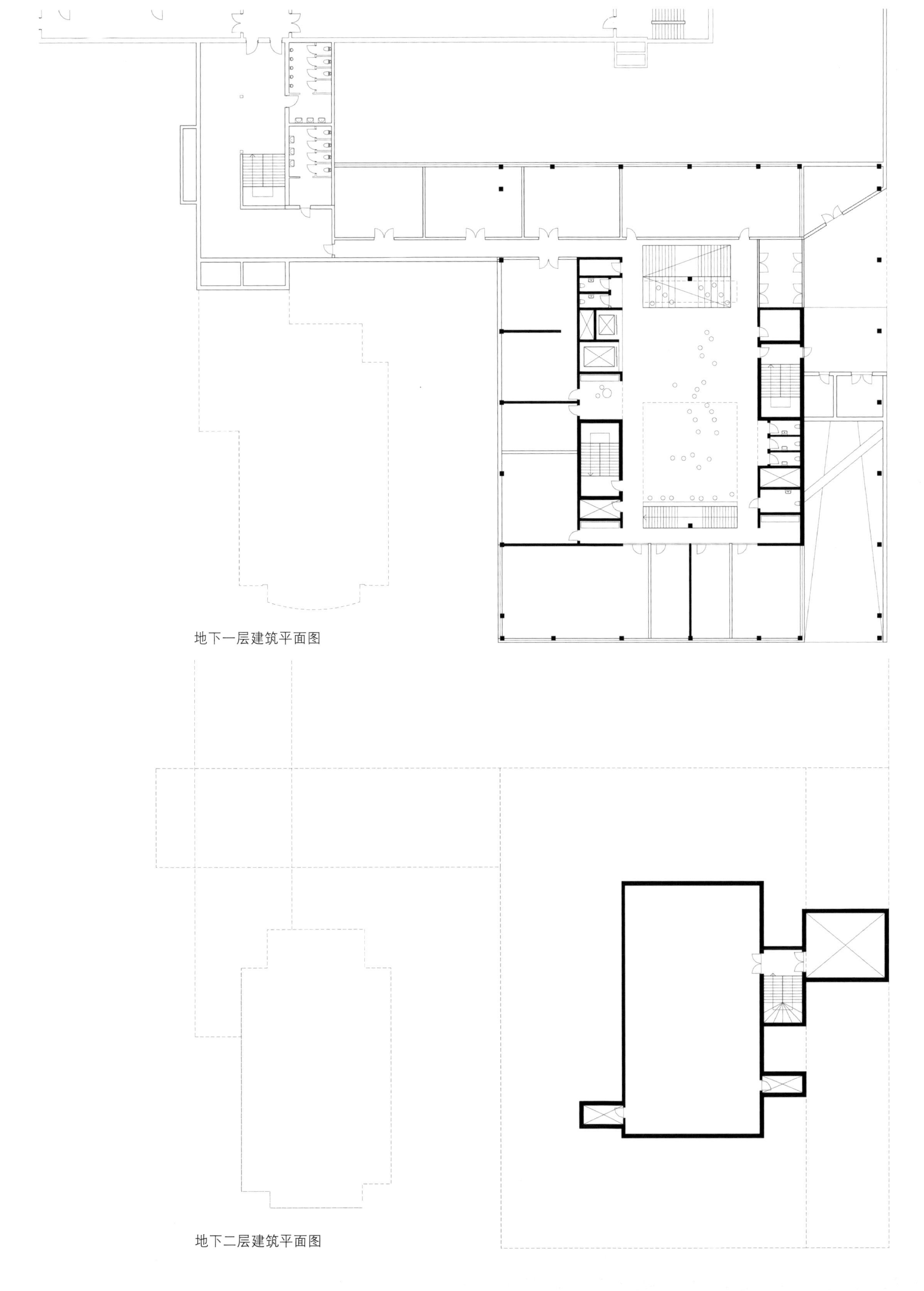

地下一层建筑平面图

地下二层建筑平面图

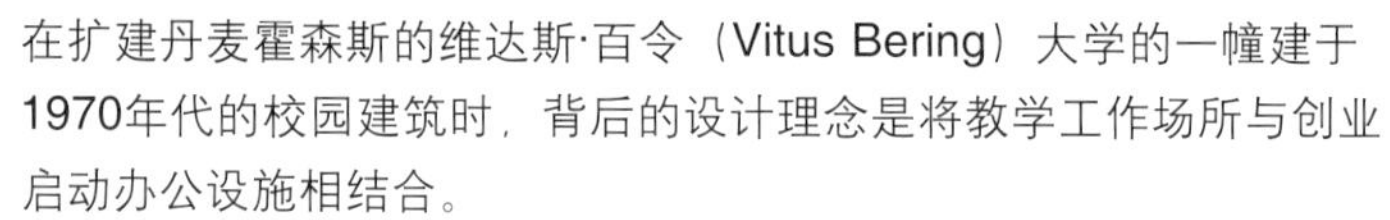

在扩建丹麦霍森斯的维达斯·百令（Vitus Bering）大学的一幢建于1970年代的校园建筑时，背后的设计理念是将教学工作场所与创业启动办公设施相结合。

第一层建筑平面图

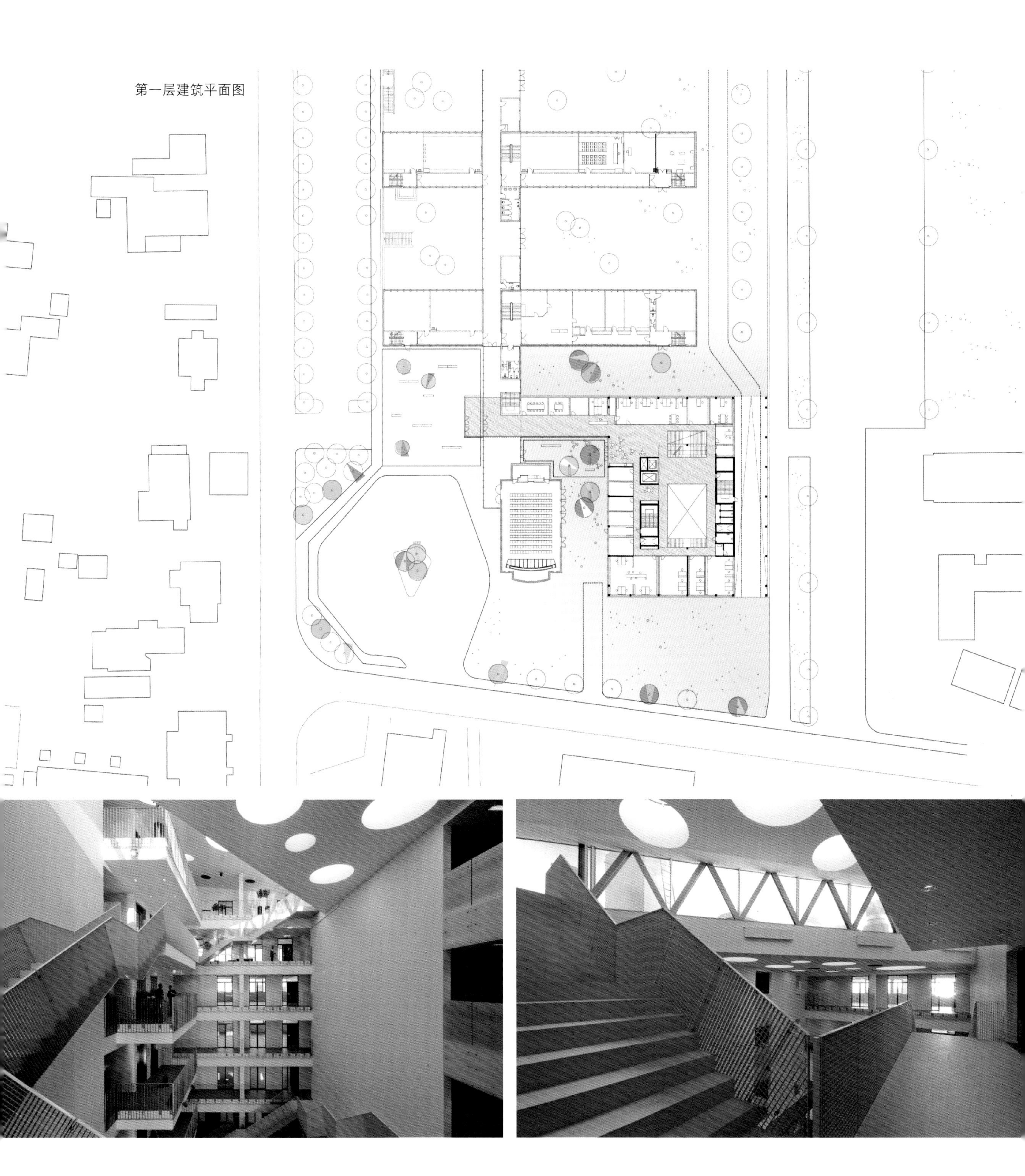

第三层建筑平面图

第二层建筑平面图

第五层建筑平面图

第四层建筑平面图

巨大的绿色动感楼梯通往公共聚会场所和屋顶平台，在平台上人们能欣赏到霍森斯湾的美景。

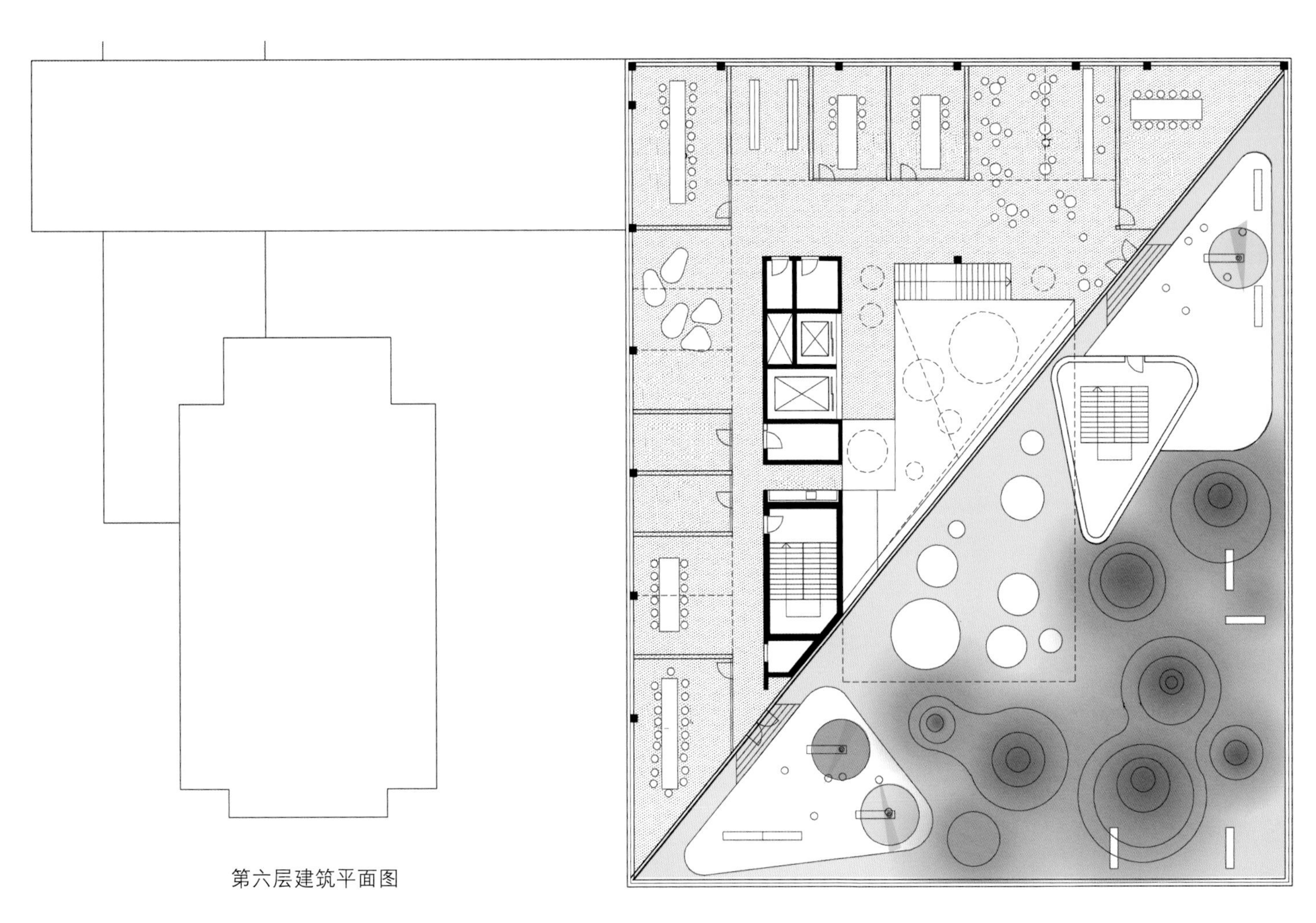

第六层建筑平面图

建筑的布局简洁而灵活，可整合各种不同功能，也能适应多种改造。

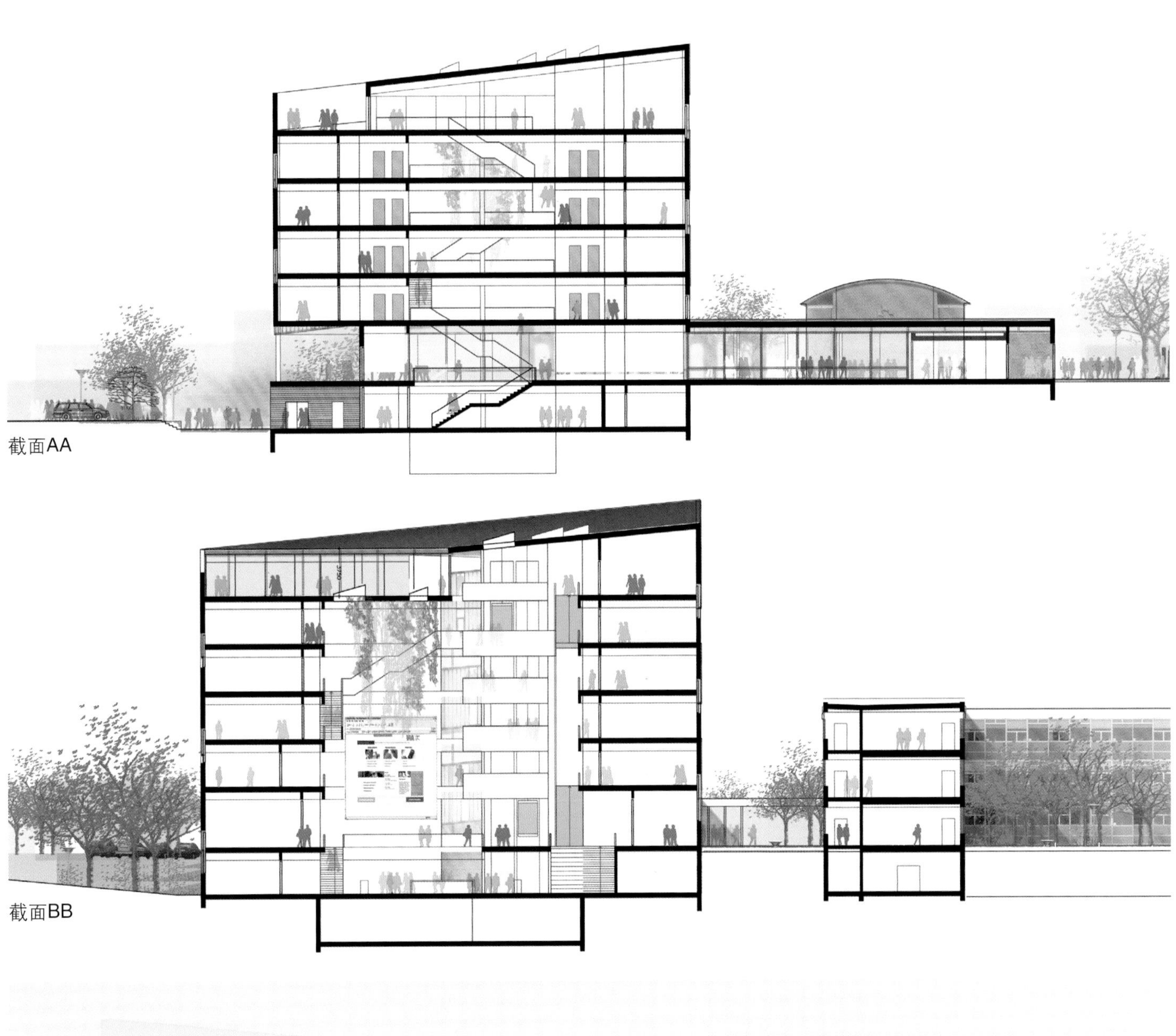

截面AA

截面BB

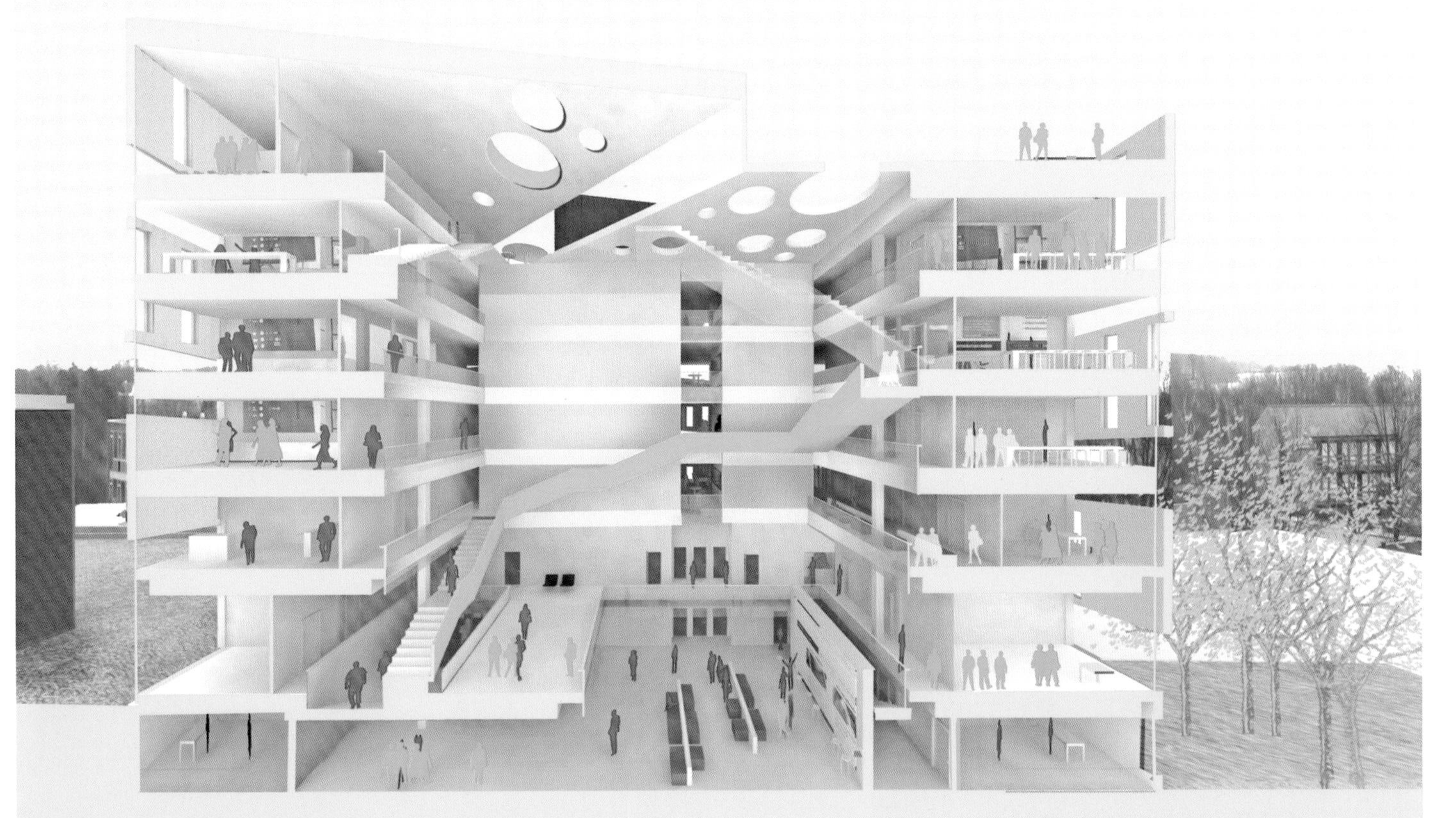

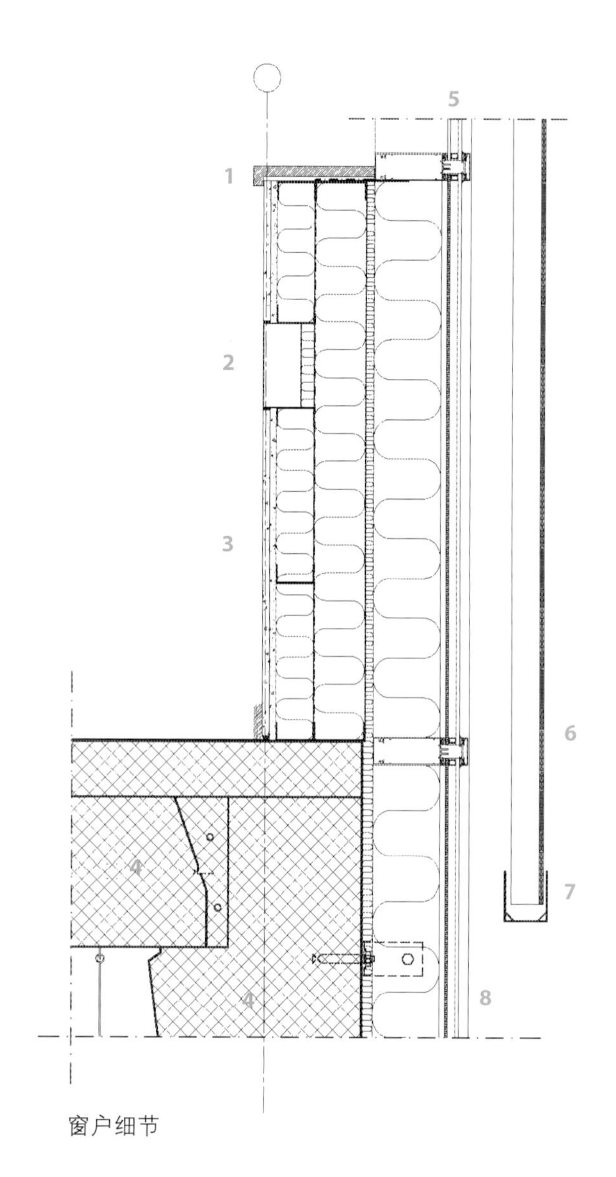

窗户细节

1. 木制窗台
2. 电缆槽
3. 室内干式墙
4. 预制混凝土板
5. 低能量透明玻璃
6. U形玻璃条
7. 铝型材
8. Emalite 玻璃

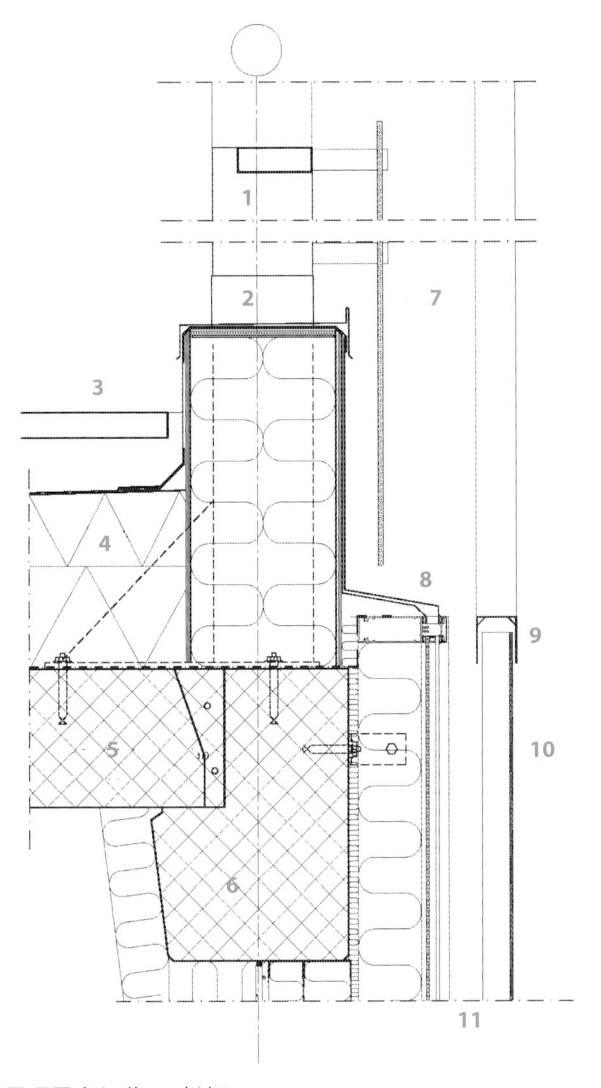

屋顶平台细节 — 栏杆

1. 型钢
2. 防水铝板
3. 混凝土铺石材料
4. 合成屋顶
5. 预制混凝土板
6. 预制混凝土梁
7. 玻璃栏杆
8. 防水铝板
9. 铝型材
10. U型玻璃条
11. Emalite 玻璃

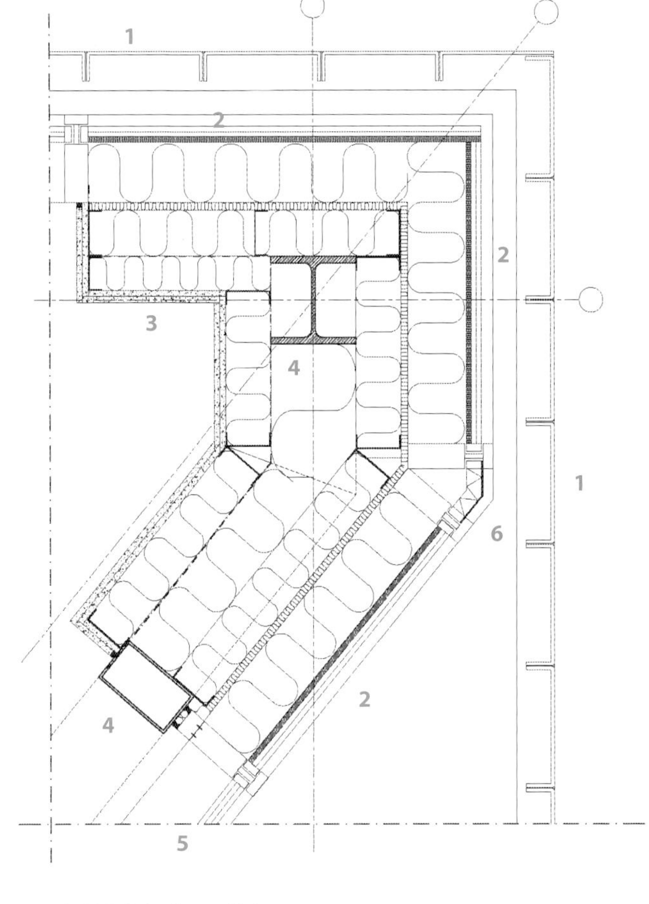

屋顶平台细节 — 转角

1. U型玻璃条
2. Emalite 玻璃
3. 室内干式墙
4. 型钢
5. 低能量透明玻璃
6. 防水铝板

整个中庭是建筑物的中央枢纽，中庭上方是对角划分的屋顶，上面的许多圆形采光天窗使屋顶显得很活泼，屋顶的一半面积是公共平台。

LIN Architects

城市设计

圣埃蒂安 法国

照片提供：LIN Architects

建筑方：
LIN Architects

城市设计（Cité du Design）是一个致力于设计的新机构，坐落在圣埃蒂安国家武器制造厂的历史遗址上。这里以前曾是城市中非常重要的工业用地（18公顷），如今却已成了一座废弃的荒岛。城市设计给这个地方注入了新的活力，重建了它与当地和国际的关系网络。

城市设计的设计规划结合了通讯、研究和教育。其组织架构不是预先决定的——各项功能和活动都会随着时间的变化自然而然地出现，并塑造着这个地方的空间成就。

该项目被构思成是一个开放的网络，其中的建筑物、花园、院子和广场都是节点。这个网络中包括一些翻新过的历史建筑物、两座花园、一个巨大的公共空地、一个31米高的瞭望塔和一个细长的建筑物（200米 x 32米），也就是锌铜合金建筑物——“铂金”（PLATINE），它被设计为一个合并和灌溉这个网络的地方，一个能清楚表达城市设计的各项不同活动的连接交换机。

“铂金”为城市设计的设施提供了一个开放而连续的空间，连接广场、展览厅和神学院所在的平台、礼堂、温室、媒体室和材料库。同时，它也是一个通过皮肤响应性来处理室内气候的实验室。

它的外壳由14,000个边长为1.20米的等边三角形组成。它是渐变而活性的：调制不透明与透明、隔热、开放，或密切反映和跟随并一起影响城市设计的不同周期。各个控制板整合了各项特性（光过滤、发电、空气和热量调节），从而在“铂金”内部实现分化的氛围和性能。它们整合了太阳能模块——是光电的，但也是更加具有实验性的“光合作用”细胞。在“铂金”的下面采用了新地热系统，通过热激发的基础桩，利用加拿大预处理过的新鲜空气和空气之间的交流区来减少能源消耗。这些组合策略使“铂金”能够适应需求和技术的变化，同时也使它更加倾向于能源独立。

Médiathèque

该项目包括一些翻新过的历史建筑物、两座花园、一个巨大的公共空地、一个31米高的瞭望塔和一个细长的（200米 x 32米）锌铜合金建筑物，也就是清楚地连接了该综合建筑群的不同活动区的"铂金"（PLATINE）。

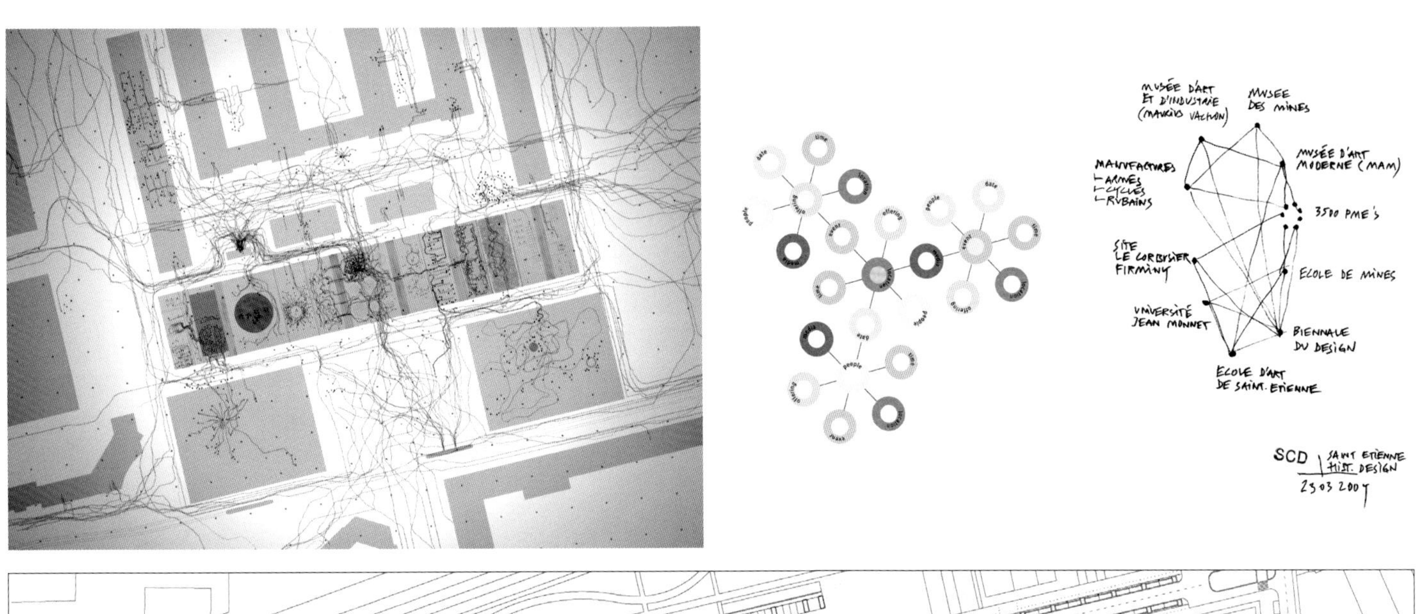
MUSÉE D'ART
ET D'INDUSTRIE
(MAURIS VACHON)
MUSEE
DES MINES
MUSÉE D'ART
MODERNE (MAM)
MANUFACTURES
ARMES
CYCLES
RUBAINS
3500 PME'S
SITE
LE CORBUSIER
FIRMINY
ECOLE DE MINES
UNIVERSITÉ
JEAN MONNET
BIENNALE
DU DESIGN
ECOLE D'ART
DE SAINT. ETIENNE
SCD
SAINT ETIENNE
HIST. DESIGN
23 03 2007

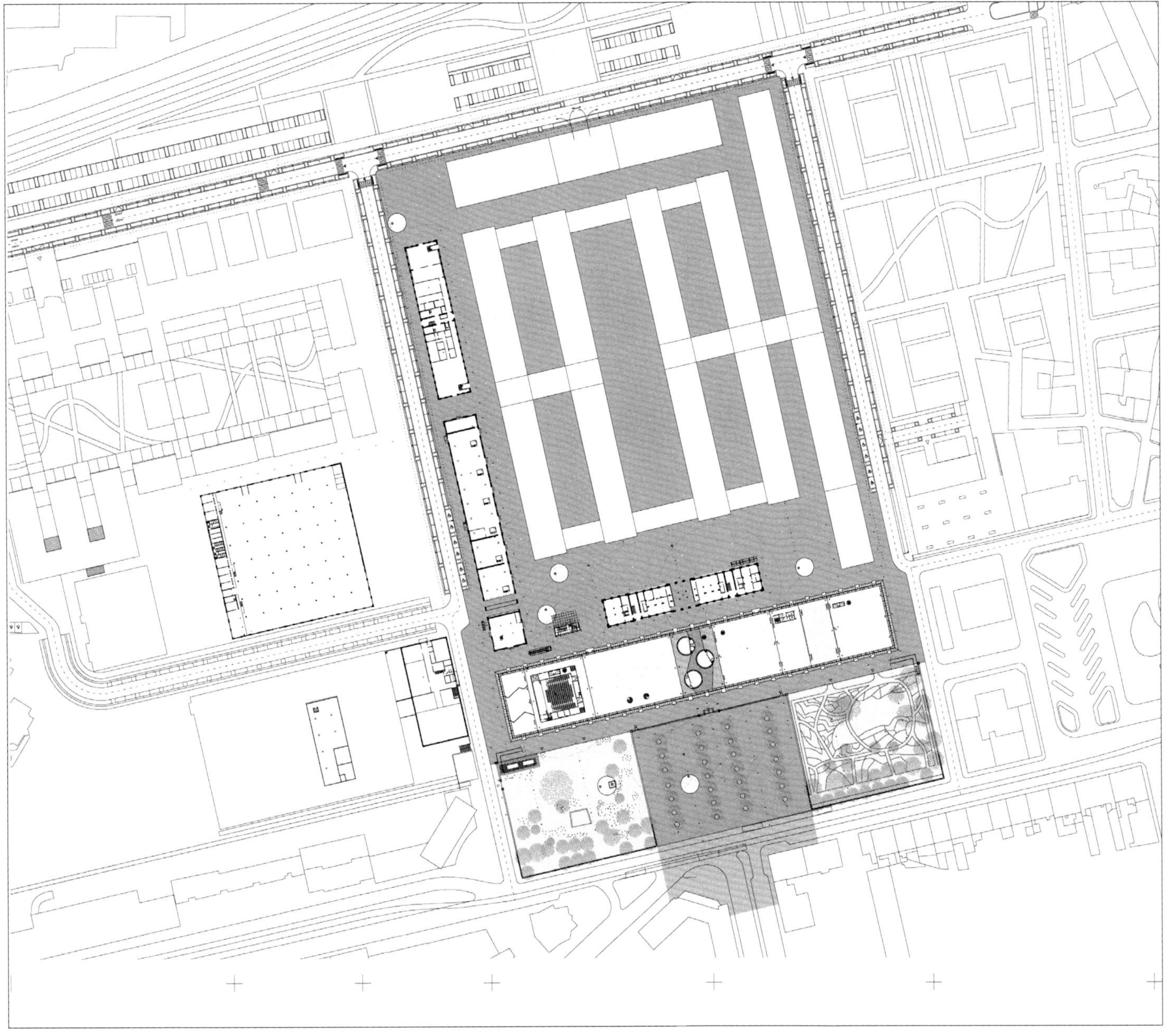

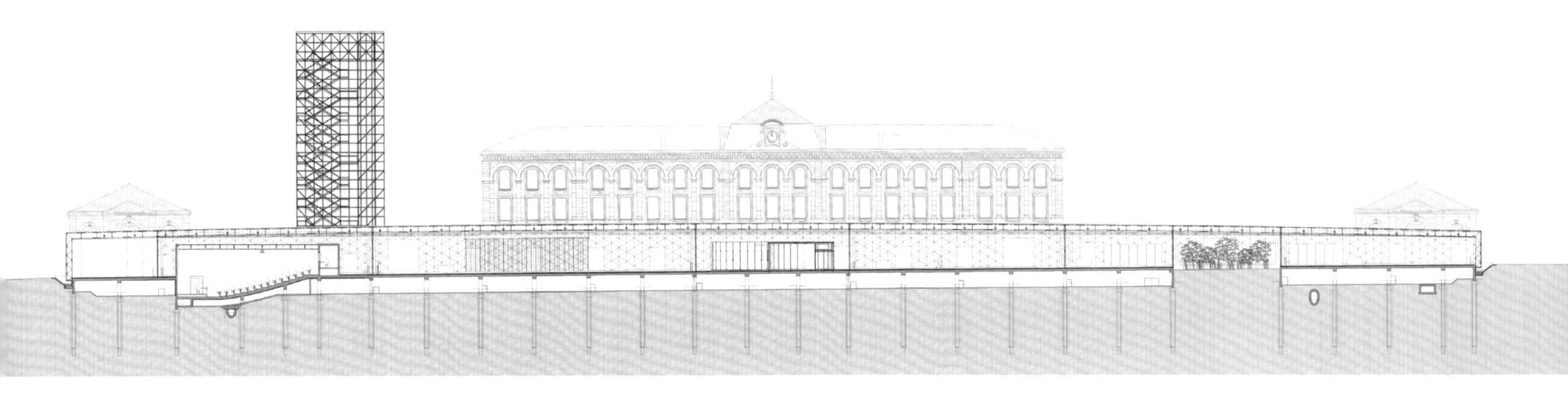

纵剖面

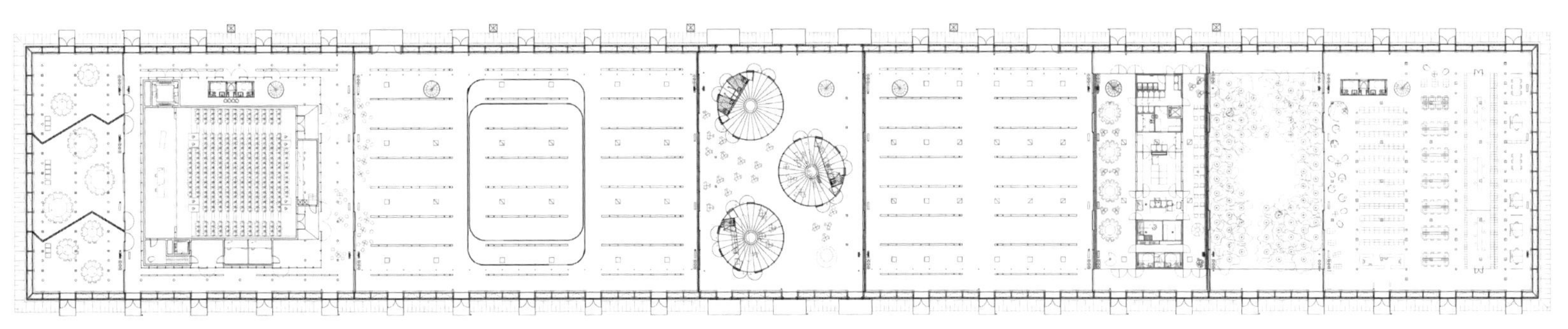

第一层建筑平面图

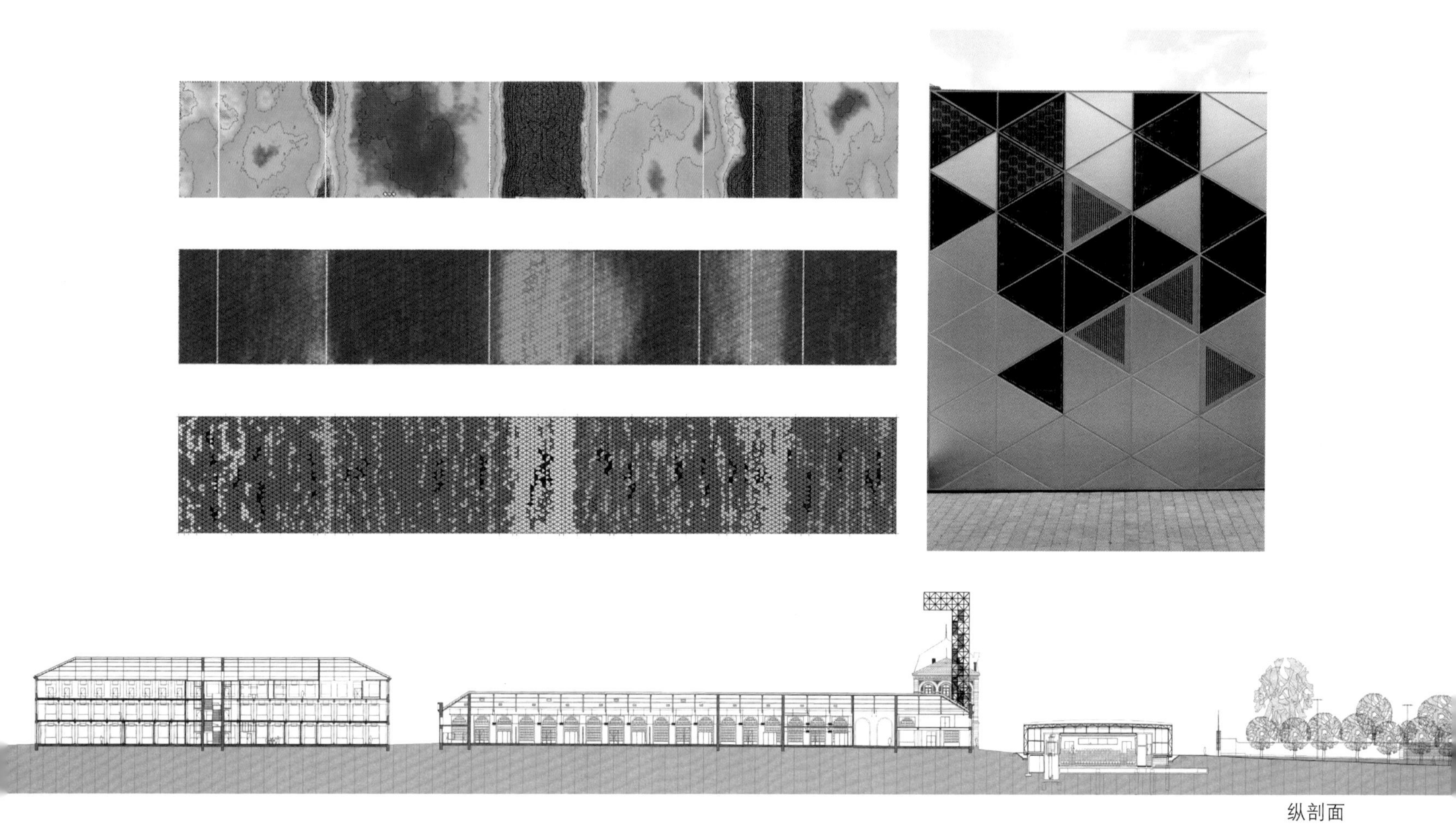
纵剖面

Auditorium

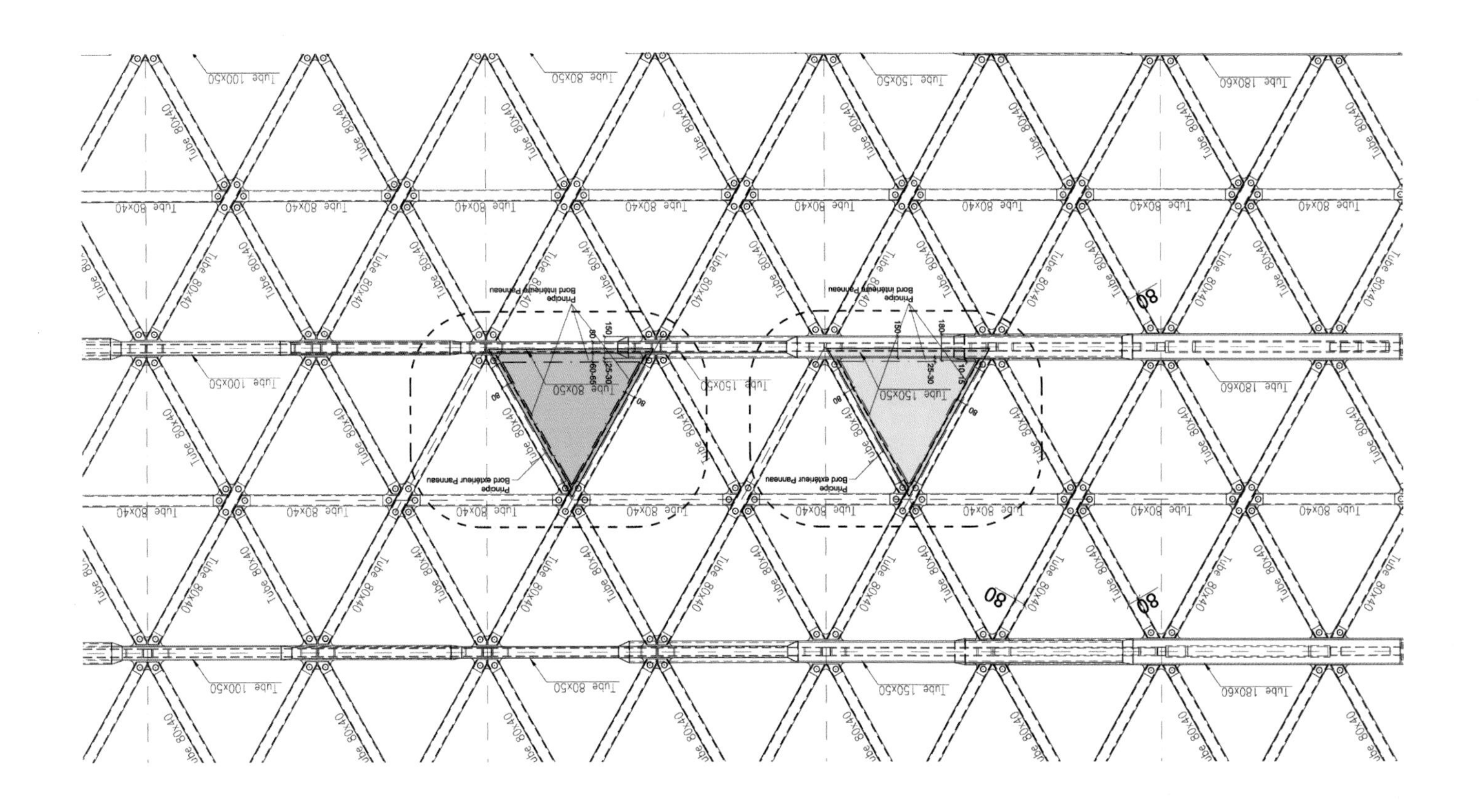

它的外壳由14,000个边长为1.20米的等边三角形组成。它是渐变而活性的：在不透明与透明之间进行调节，能隔热，并跟随城市设计的不同周期与之相互作用，或开放，或关闭。

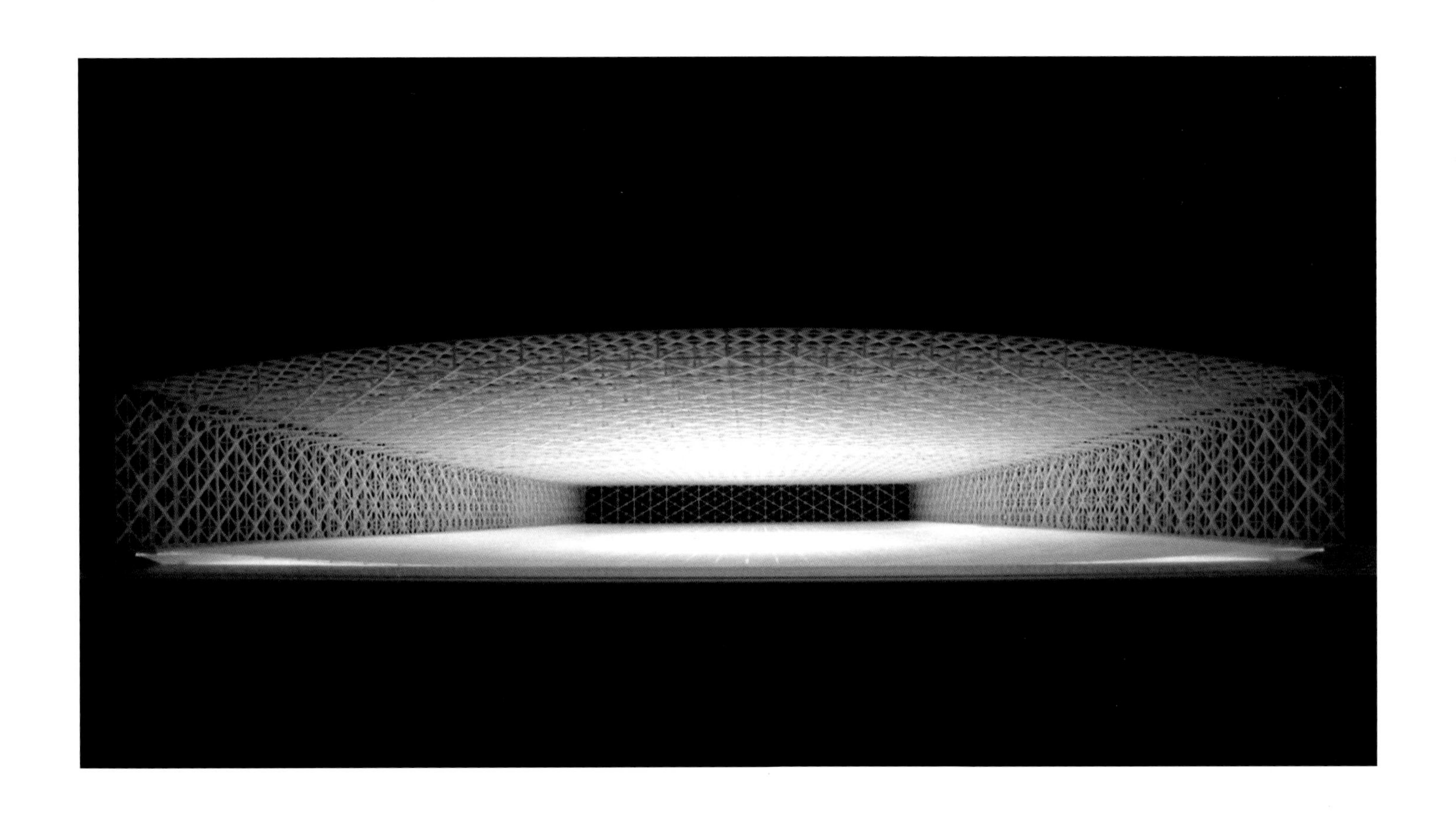

grupo aranea

拉法尔高中

阿利坎特 西班牙

照片提供：grupo aranea

为西班牙拉法尔（Rafal）的新高中做的设计，来自于建筑师对于正在吞噬肥沃的维加・巴亚（Vega Baja）地带的投机性房地产发展的拒绝，这些投机性房地产发展将这一地带变成了一种教科书式的独幢家庭房屋的重复景观，完全与当地文化相异。

深受这种环境的浸濡，Rafal高中的设计思想是将自身作为一个区别于敌对建筑环境的自治结构，要能够产生属于自己的感觉。Rafal高中的学生需要不同的参照系和一个属于他们自己的地方开始重塑世界。

提出能够支持一个复杂的内部设计并将各项功能集中在其周边的内向建筑的想法，与建筑师的保守态度有很大关系，但也是受到了该计划的一个很具体的限制因素的影响：它的小规模——7000平方米，大约只有这个地区具有这些特性的中心的标准规模的一半。这个特点支持了建筑师最初的想法，使他们将这块星型场地中央的心脏地区用作运动区，并迫使他们在某些地方使用许可的最大建筑高度（三层），同时在整个建筑合成体中创造了一系列不同高度的连接开放空间，多少中和了该计划中的有限规模。

结果是，当学生们穿过外围建筑进入综合大楼，他们见识到了一个惊人的中央空间，用于建筑体两边不同高度的大大的首字母缩写词，展现了学校的布局，它的组织形式像是一个跨越了所有楼层的单一而又多样的院子，一个在不同高度集合了不同空间的链条。

在紧张的设计过程中，建筑师选择将丰富空间设计作为最高价值，他们通过尽量减少材料花样来缩紧预算。同一种材料被应用在建筑的结构和外墙上，使外墙的表面积增大而建设和维护成本缩减到最低限度。

一楼是若干实验室、创作室和图书馆、一个多功能教室、学生公共休息室和咖啡厅。这些是学校中最大的封闭式空间，可以在室内进行按照时间表进行的活动，独立于学校其他部分的运作。该设计允许它们在各自分开的庭院里偶尔进行一些户外活动。行政区间也在这一层，有一个从学校大门过来的独立通道。为中央空地带来生命的运动设施与内部和外部的流通路线相互交织。

二楼是12到16岁孩子的教室，还有专用的IT教室和音乐教室。社交路线通过在外部和内部空间的穿插而得以流动起来。

三楼是17-18岁孩子的4个教室，还有一些设有特殊装备的房间。

在底下的楼层，流通序列被交织的外部和内部空间结构化了，这是为了突出与中央空地的关系，加强大天井的概念并使其延伸到整个建筑物的高度。

建筑方：
grupo aranea
工程负责人：
Francisco Leiva Ivorra
设计团队：
María Gadea Pascual，Martín López Robles，Marta García Chico，Marta Martínez Osma & Marian Almansa Frías
技术建筑师：
Julio Pérez Gegúndez
景观园林：
Marta García Chico，景观设计师和农艺师
建筑服务工程：
Juan Jesús Gutiérrez，Ingeniero Industrial
结构工程师：
TYPSA
促进者：
CIEGSA，Construcciones e Infraestructuras Educativas de la Generalitat Valenciana S. A.
制造商：
ASSIGNIA INFRAESTRUCTURAS S.A.
总平面面积：
74,800平方英尺（6,953平方米）
建筑面积：
66,700平方英尺（6,195平方米）

同一种材料被应用在建筑的结构和外墙上，使外墙的表面积增大而建设和维护成本缩减到最低限度。

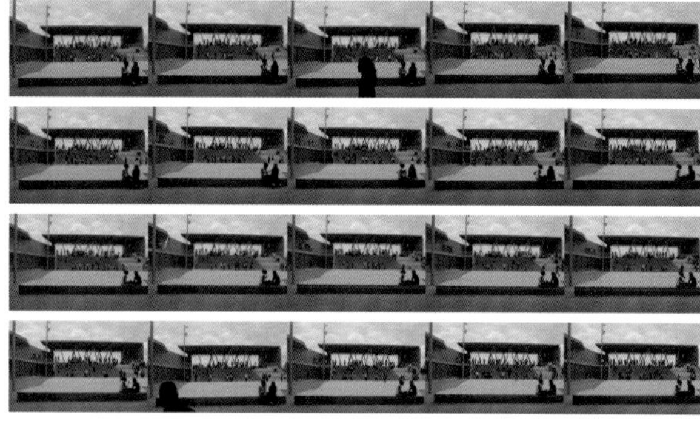

连续正面图

Q
GYM

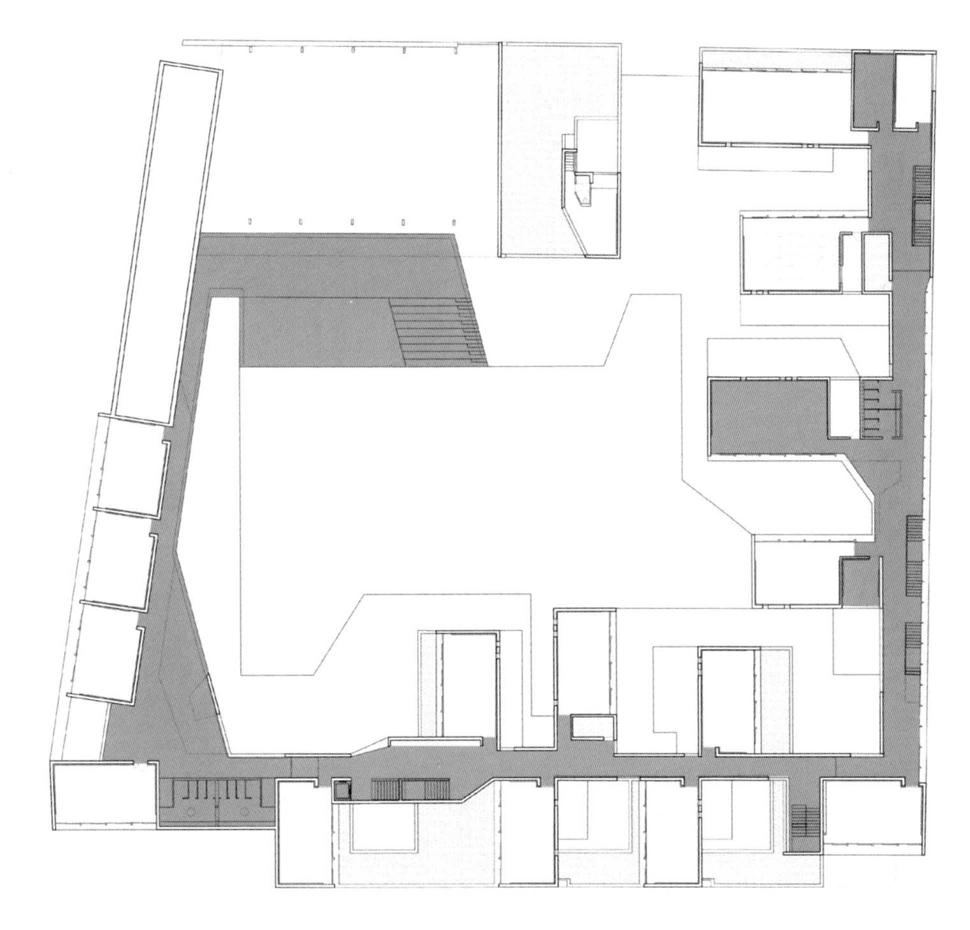

第二层建筑平面图

二楼的流通空间是中央庭院的一个延伸，连接处与一个巨大的粉红色倾斜地面合成整体，在中央庭院和大亭盖的中间是看台的座位。

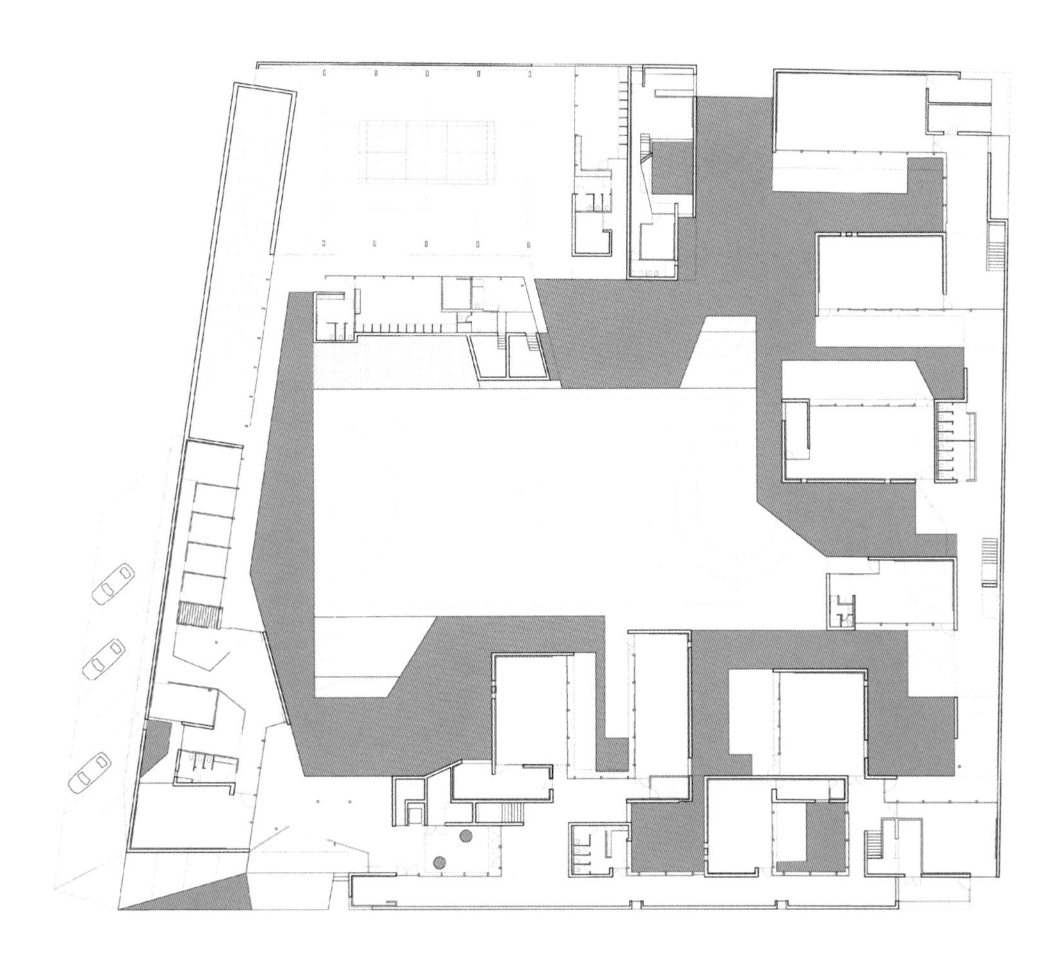

第一层建筑平面图

DIB
TPV

IES RAFAL

TEC2
DIB
MUS
INF2
TPV
IES RAFAL

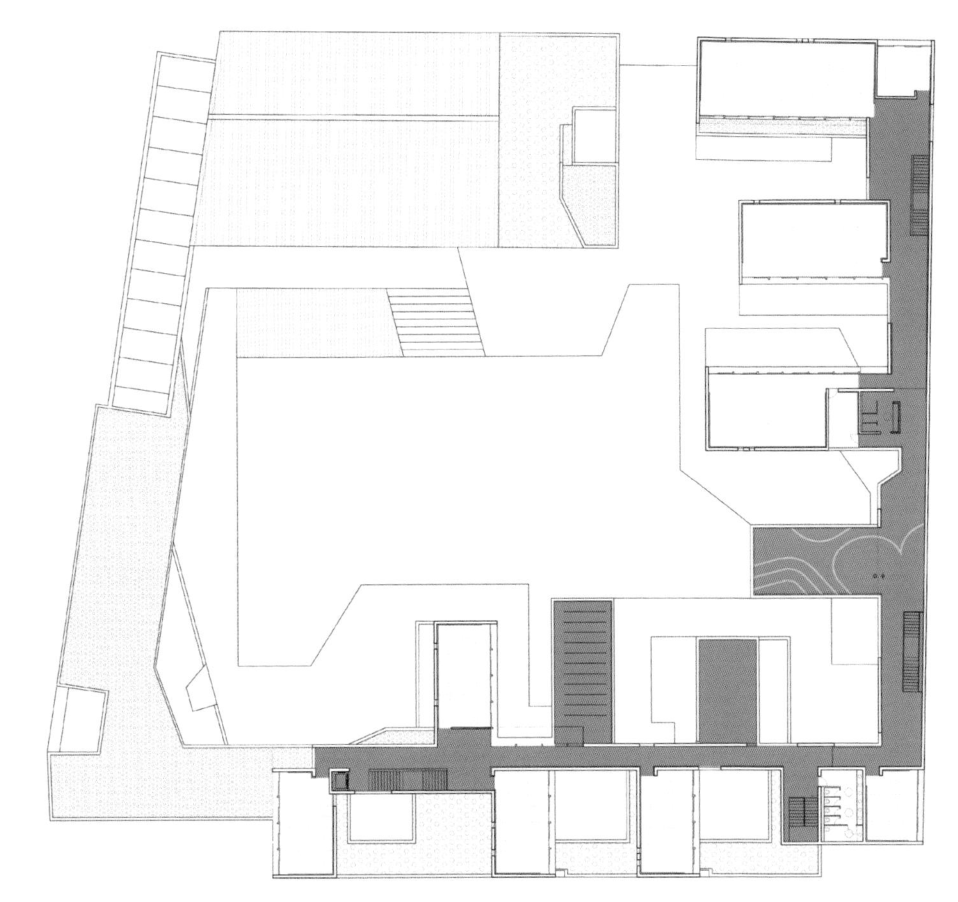

第三层建筑平面图

A11
ART
A13
TEC2
DIB
MUS
SUM
TPV
INF2
TEC1
A12
A10
BIB
A08
A06
A14
CIE

截

截

空中花园，对于过去曾环绕着拉法尔（Rafal）的那些花园来说，是仅剩的遗迹，也是三楼正逐步在建的空间中的一个关键要素。可以从这里以一个全新的视角观察学校及其周围环境，并欣赏在附近的田野。

ARX PORTUGAL, Arquitectos Lda.

巴雷鲁技术学院

巴雷鲁 葡萄牙

照片提供：FG+SG – Fotografia de Arquitectura

新的巴雷鲁技术学院坐落在葡萄牙巴雷鲁的市郊。这里过去主要被农业用地占据，直到最近才被分散的住宅区发展所超越，这些小区在芦苇丛中与绿色的花园相交织。不过住房的发展并没有伴随着公共服务设施的发展，因此该地区成为没有多少都市生活元素的郊区。通过与都市环境的对比，这个地方的地形，及其构成和边界，给建筑师创造了一些有趣的工作条件：场地宽阔、坡度平缓，从北到南有着极匀称的4米高度差，其中一端拥有茂密的栓皮栎（软木橡树）和成年松木树林。

有一些项目在成为建筑实体之前就导致了公众反应，而这所学校就是这样一个项目。当地居民抗议建造技术学院，因为他们更想要的是建一所小学——该小学被转移到了其他地方——同时也因为他们害怕一个大比例的建筑在当地可能会造成的视觉和生态学上的冲击。因为害怕树木被砍伐，他们对每一棵树进行清点和做记号。

建筑师着手去创造一个性质多少有些模棱两可的建筑。一方面，它响应尊重自然并与自然和谐如一的态度，但另一方面，它又被表现成一种抽象的人造元素。结构上的选择突出了这一原则：该建筑由一系列煤灰色砖块组成，当砖块被切开，里面却是白色的。在建筑的南端，结构变得非常具有地形学特点，没有办法辨认出哪里是周围的环境而哪里又是建筑的终点。在北端，也就是该区域入口所在，建筑形态是由不同的高度和组成建筑的后移带所定义的。

学院位于这个区域的中部，南边的树林延伸并包围着建筑，北边用作停车场和主入口，节省了三分之一的工程量。其中的一部分建筑——教工区——高出其他部分，在更大的背景里显示着该建筑的存在，同时成为当地的一个新地标。

建筑方：
ARX PORTUGAL，Arquitectos Lda.
José Mateus，Nuno Mateus
项目团队：
Paulo Rocha，Stefano Riva，Andreia Tomé，Clara Martins，Marco Roque Antunes，Nuno Grancho，Pedro Alves, Pedro Dourado，Pedro Sousa，Tânia Pedro，Francisco Marques，Sónia Luz
业主：
Instituto Politécnico de Setúbal
景观建设：
GLOBAL，Arquitectura Paisagista Lda.
结构工程：
TAL PROJECTO，Projectos，Estudos e Projectos de Engenharia Lda.
电力、通讯、机械和安全工程：
AT，Serviços de Engenharia Electron-técnica e Electrónica Lda.
管道工程：
AQUADOMUS，Consultores Lda.
承包人：
Obrecol
总面积：
130,000平方英尺（10,500平方米）
奖项：
Selected for the exhibition "Euro-news" at the "Lisbon Architecture Triennale 2007"; Selected for the Portuguese section in the "S. Paulo Biennale 2008"

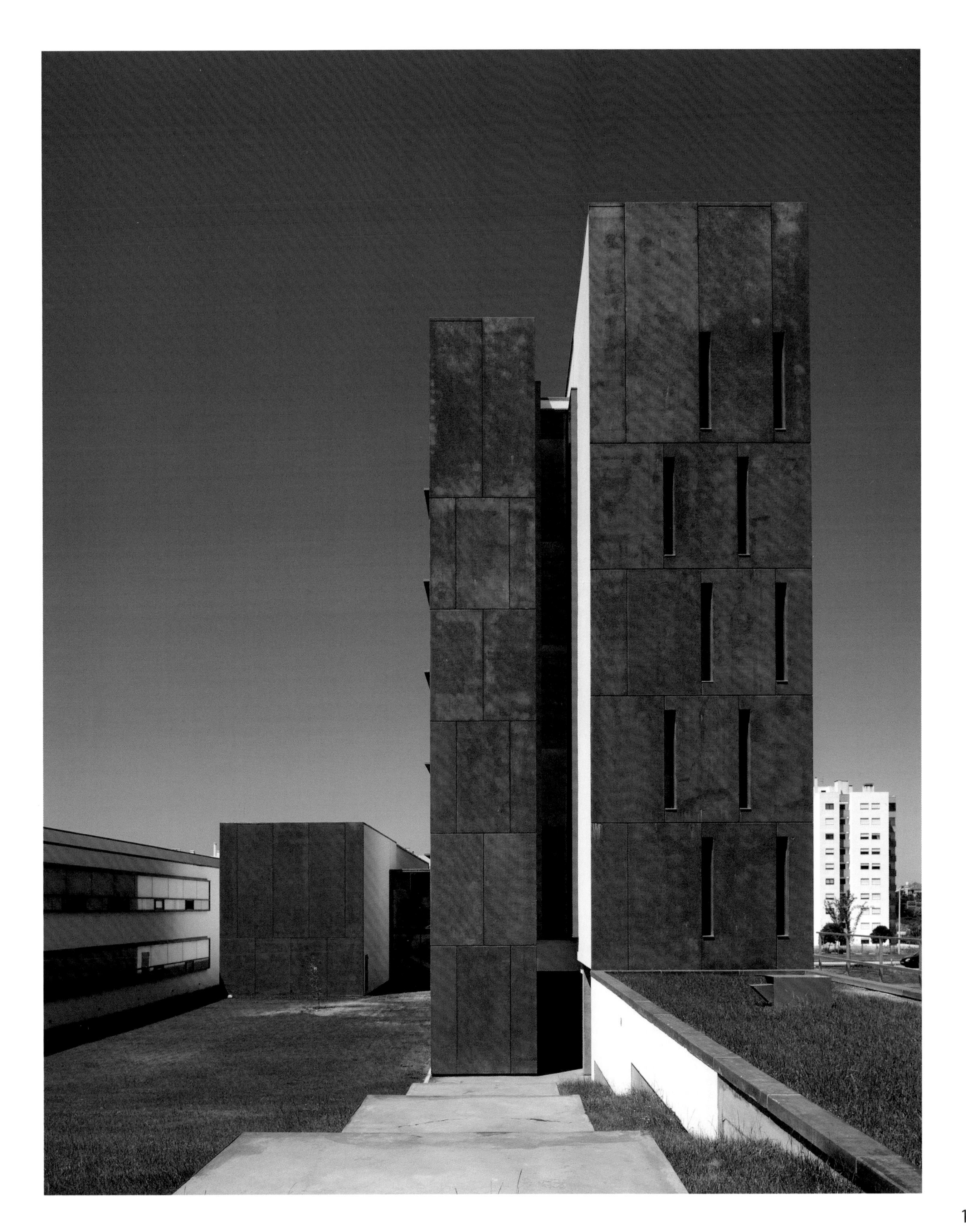

建筑的性质多少有些模棱两可。一方面，它响应尊重自然并与自然和谐如一的态度，但另一方面，它又被表现成一种抽象的人造元素。结构上的选择突出了这一原则：该建筑由一系列煤灰色砖块组成，当砖块被切开，里面却是白色的。

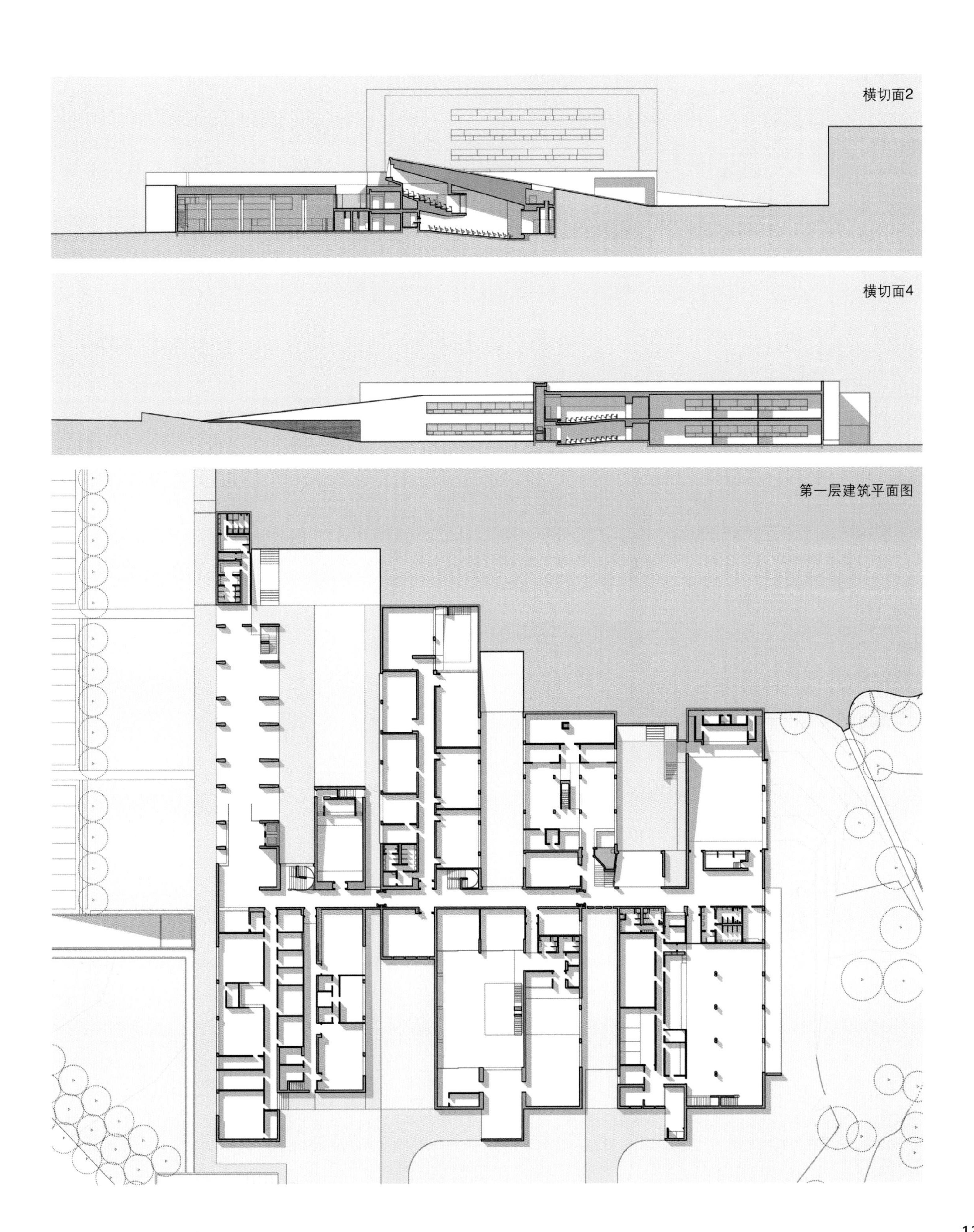
横切面2
横切面4
第一层建筑平面图

建筑在其南端变得更加具有地形学特点，没有办法辨认哪儿是建筑和周围环境开始或终结的地方，因为大楼形体成带状延伸并消逝在景色中，或是一直延伸到被树林所占据了的地盘。

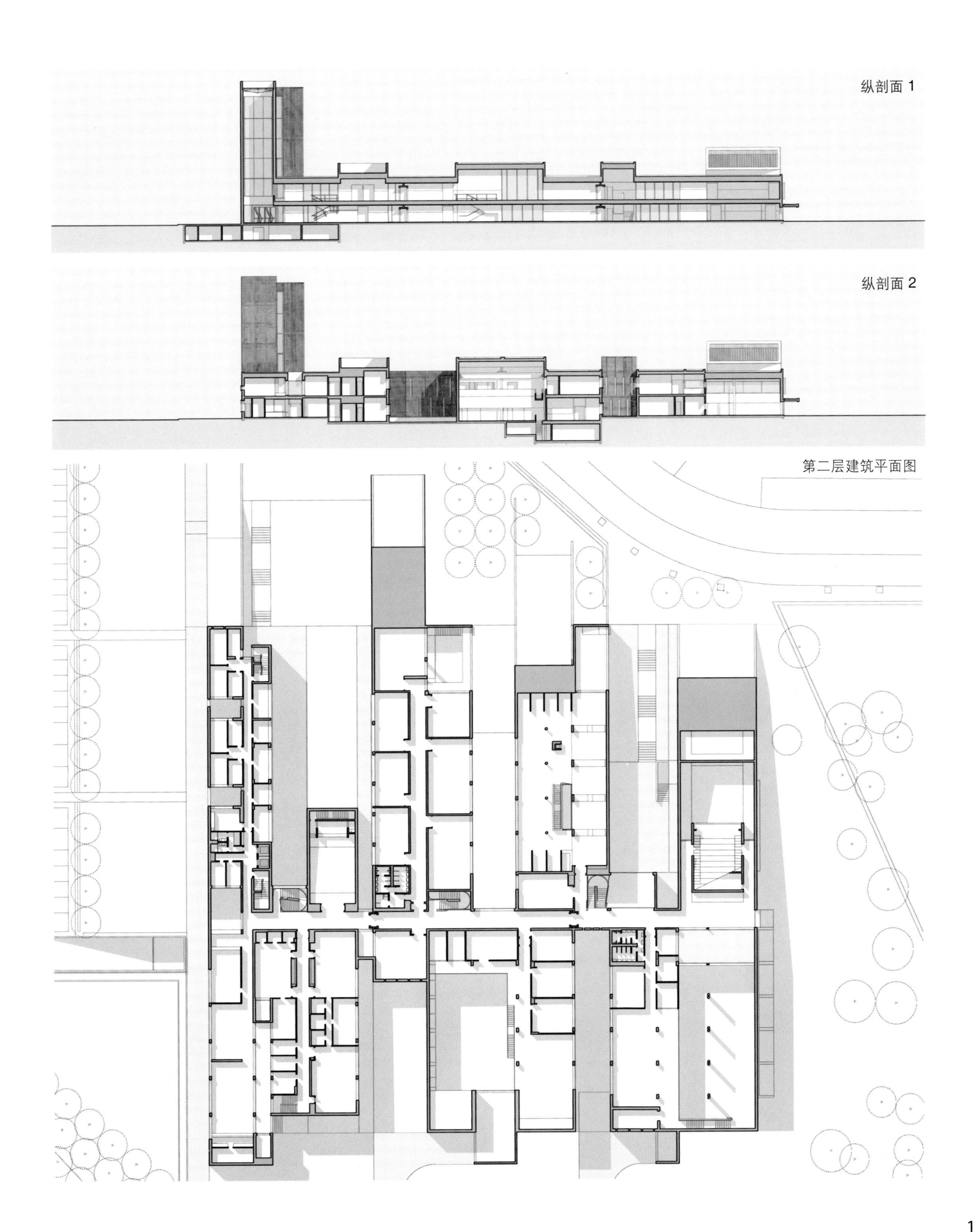
纵剖面 1
纵剖面 2
第二层建筑平面图

在这个地方的北端，也就是正门所在处，建筑形态是由不同的高度和组成建筑的后移带所定义的。

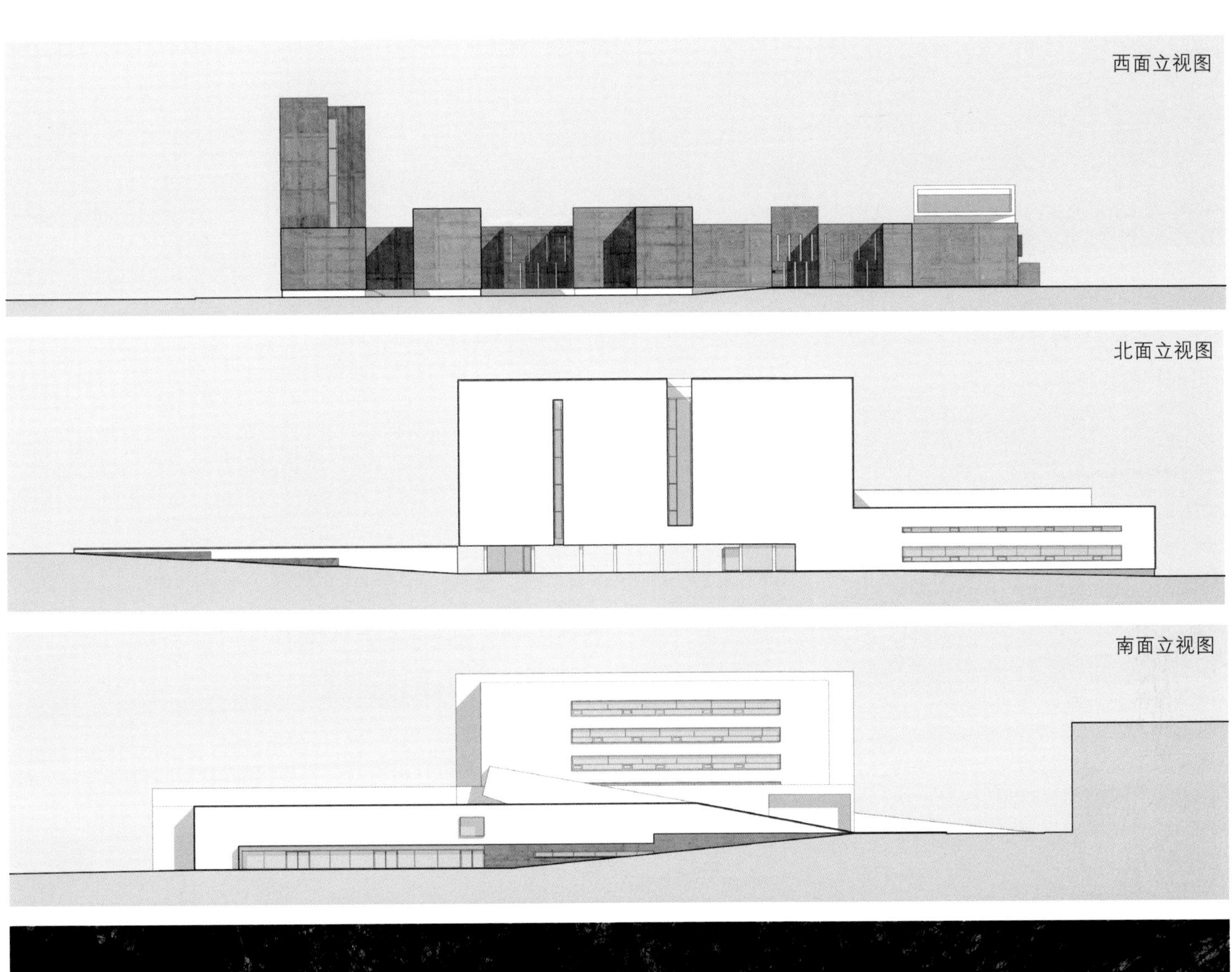
西面立视图
北面立视图
南面立视图

Zaha Hadid Architects

伊芙林·格瑞斯学院

伦敦 英国

照片提供：Luke Hayes

位于英国大伦敦兰贝斯区布里克斯顿的伊芙林·格瑞斯（Evelyn Grace）学院不仅扩展了这个充满活力的伦敦区的教育多样性，还在这一主要的居住区内扩大了建成环境。学院呈现出一种开放、透明和好客的姿态，并且欢迎社区的当地都市再生进程。

该建筑具有强烈的都市性格和身份特征，其明确的外形是对这个位于两个居住区之间的地段的一种呼应。它提供了一个能使学生安心从事学习的空间环境。

为了与“校中校”的教育思想相一致，设计创造出了嵌套在高度功能空间之内的自然分隔模式，使四个小的校中校，不论是从内部还是外部，都各有明确不同的身份。这些空间以最大程度的自然光线、通风方法和低调但耐用的纹理使之呈现出浓厚的郊区感。

低年级的中学生可以分别从他们的二层露台直接进入两个学院。他们不需要使用任何的主楼梯（除在紧急情况下疏散）从而避免拥塞。这两个学院分别由分布在两个楼层的单个中央楼梯从内部进行连接。

两个在上面的高年级学院分别通过大楼末端直接通往四楼的楼梯间进入。为便于监测，包裹楼梯间外层的玻璃已经被最大化。为了使出入选择更加灵活，根据管理者的态度，高年级学院的某些学生也可以穿过中央核心地带，经过主要接待处来进出。

集体空间——被所有学院共享——的设计主旨是：鼓励自然聚集节点与全面的协调安排相互交织从而层次明确的社交活动。在集成多种功能的基础上，外部共享空间在不同层次上构成非正式的社交和教学空间。

建筑方：
Zaha Hadid Architects
设计：
Zaha Hadid with Patrilk Schumacher
项目主导：
Lars Teichmann
项目建筑师：
Matthew Hardcastle
项目经理：
Capita Symonds
工程师：
Arup
工料测量师：
Davis Langdon
景观：
Gross Max
主承包人：
Mace Plus
主承包人建筑师：
Bamber & Reddan
最大容量：
1200位学生
总平面面积：
115,658平方英尺（10,745平方米）

2
3
4

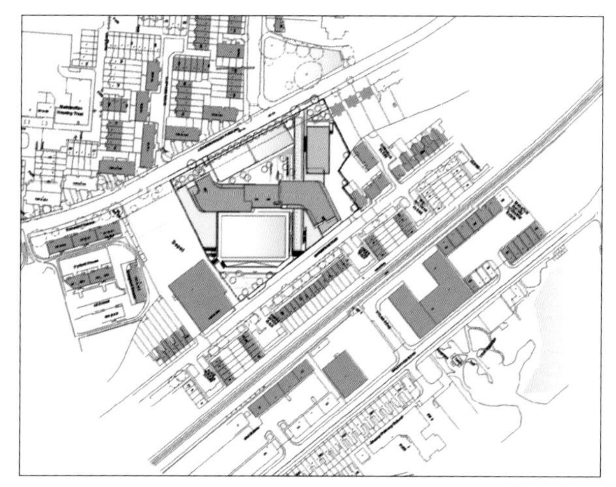

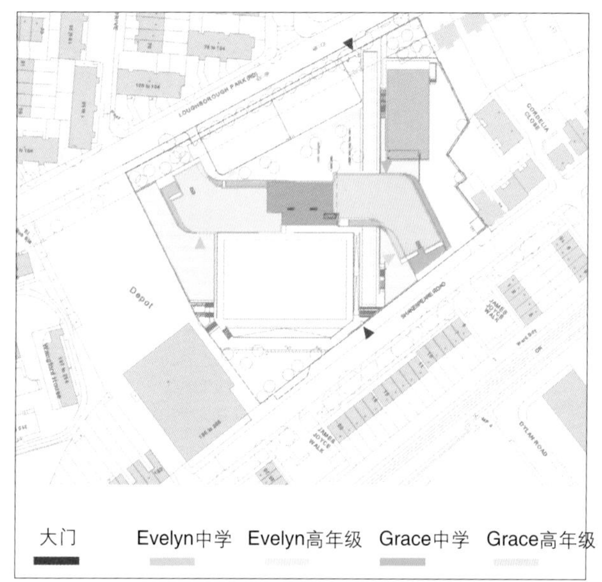

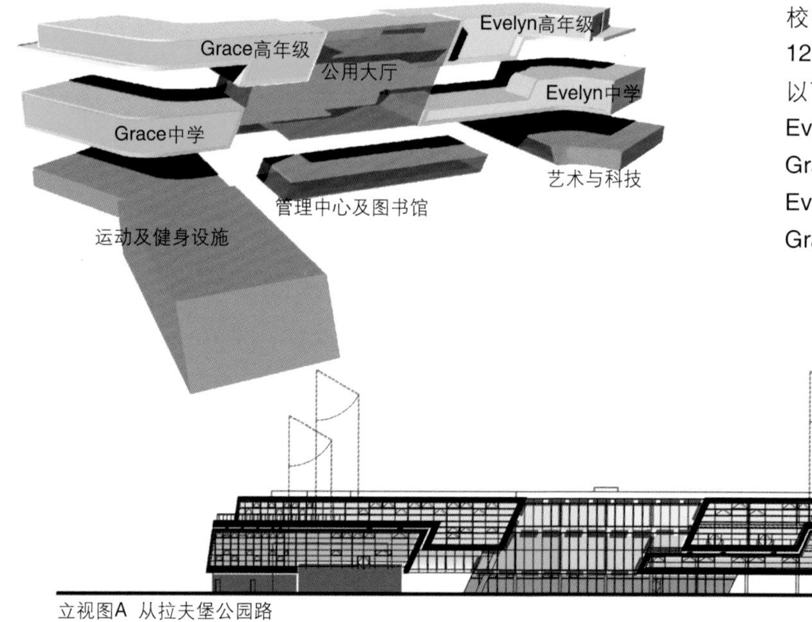

校中校

1200名KS3学段的学生，从11岁到16岁至18岁，被分为以下不同的学院：

Evelyn 中学– 270 名学生 (11-14岁年龄段)

Grace 中学– 270 名学生 (11-14 岁年龄段)

Evelyn高年级– 330名学生 (14-18 岁年龄段)

Grace 高年级– 330 名学生 (14-18岁年龄段)

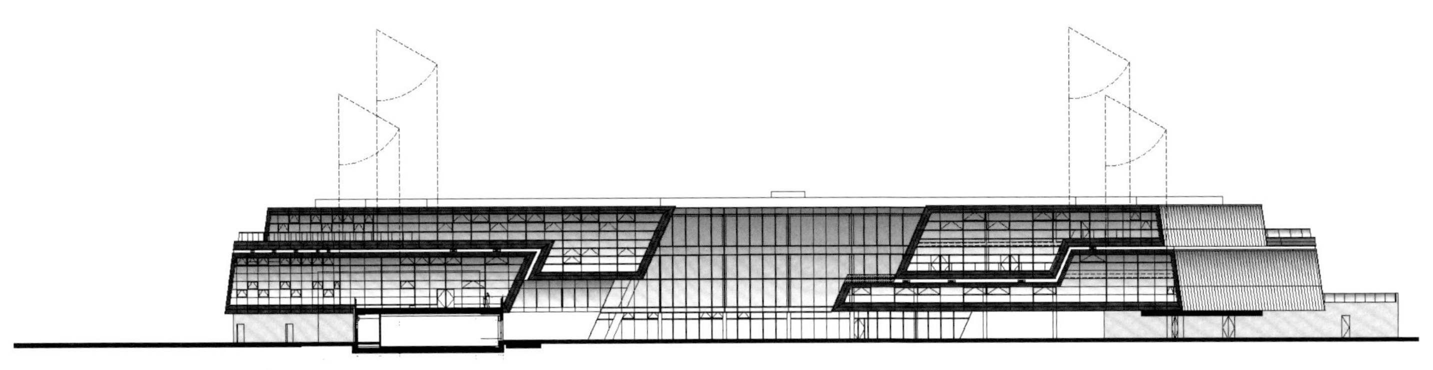

立视图A 从拉夫堡公园路

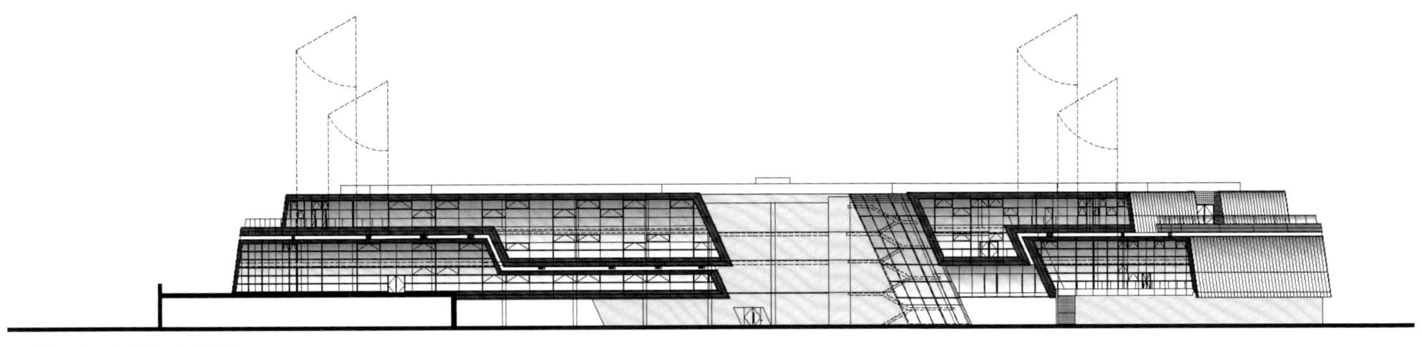

立视图B 从莎士比亚路

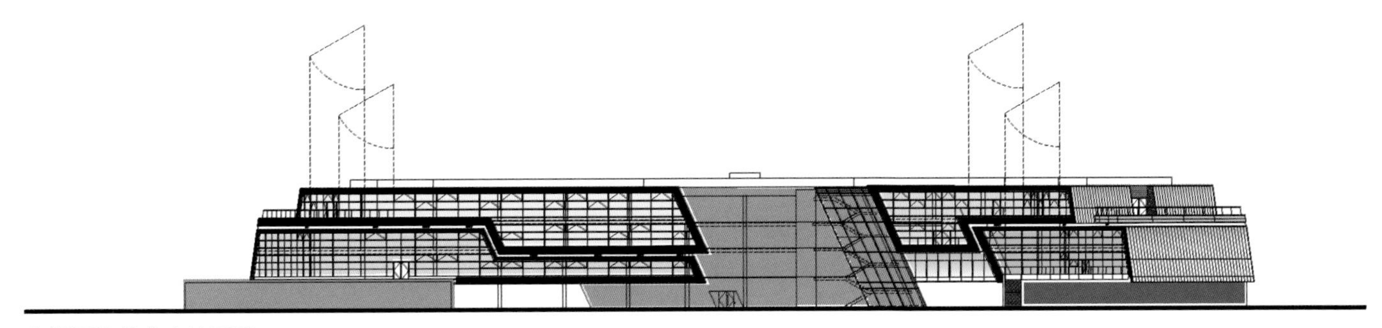

立视图B 从莎士比亚路

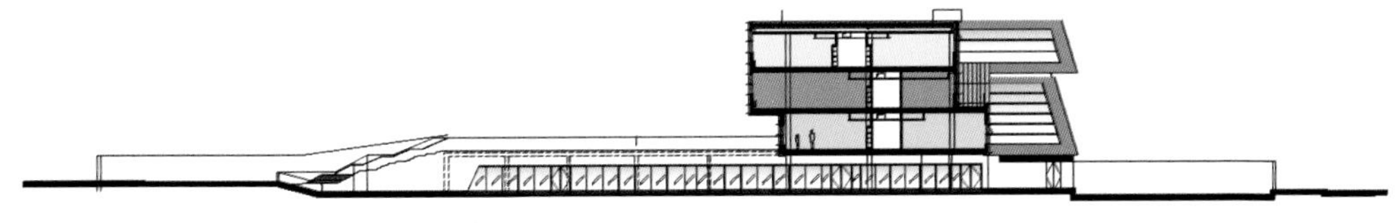

部分建筑截面（展现艺术大楼地平面立视图）

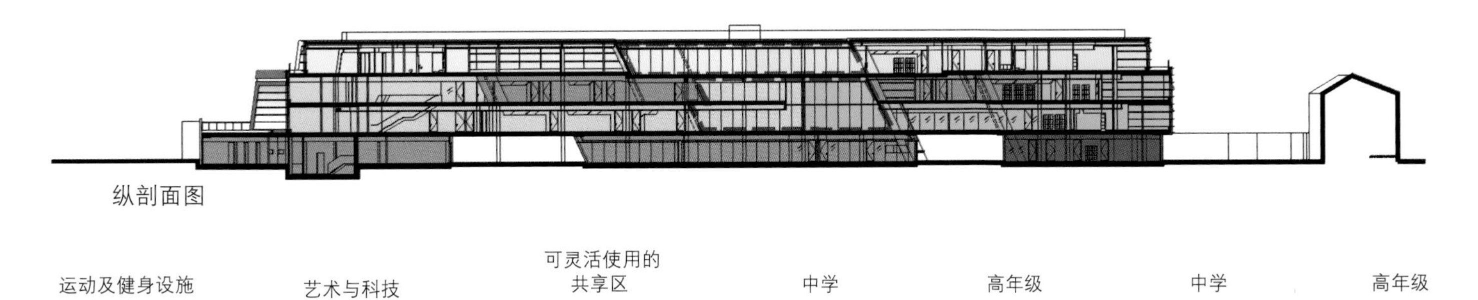

纵剖面图

运动及健身设施　艺术与科技　可灵活使用的共享区　中学　高年级　中学　高年级

EVELYN GR
CE ACADEMY

学院在一楼的基础上被分成包含了共享设施的四个隔开的学院。考虑到学生主要都在各自单独的学院活动，每个学院都被横向组织，以使竖向的流通最小化。

该项目展示了当代建筑在推动教育创新中可以发挥的关键作用。

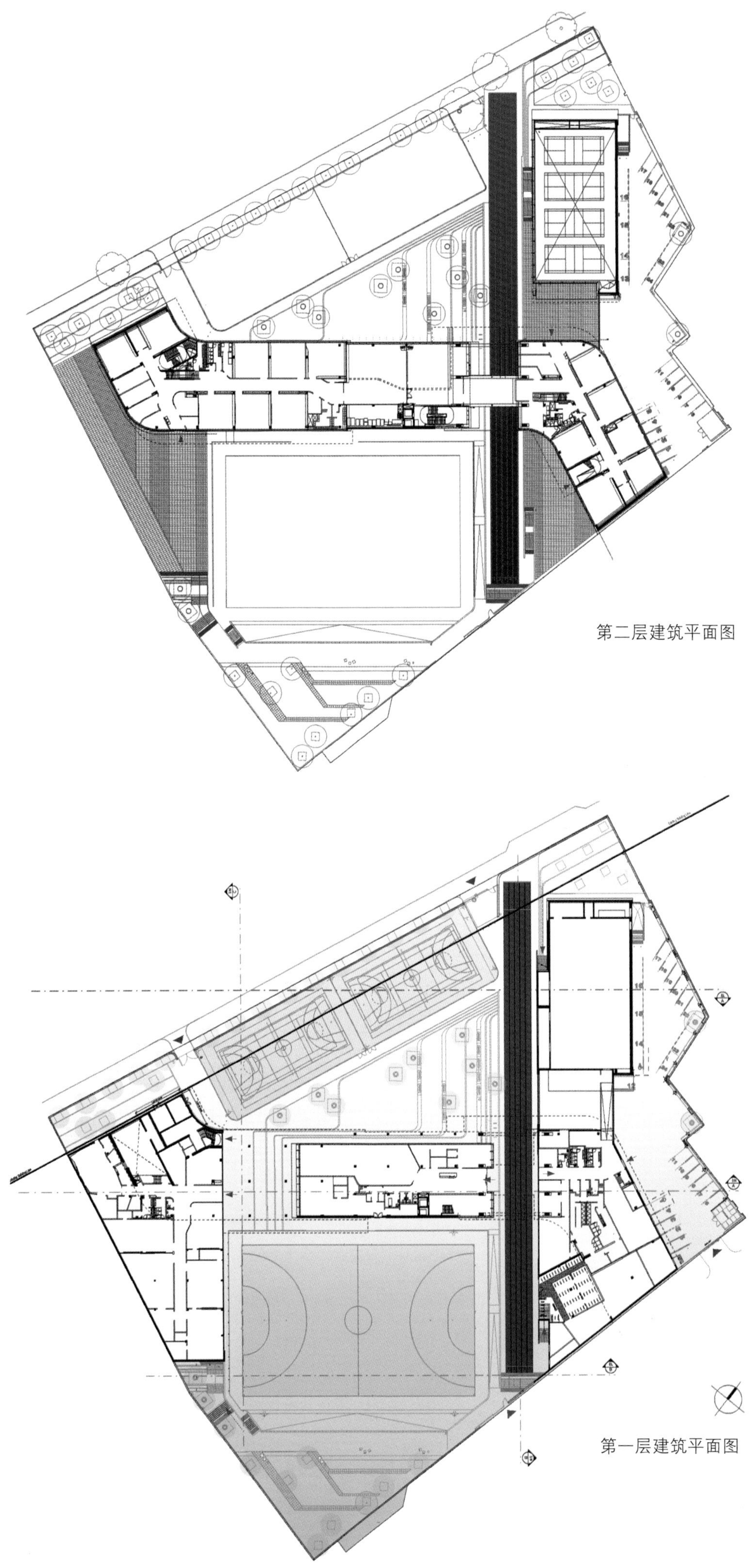

第二层建筑平面图

第一层建筑平面图

适合社区在教学时间以外使用的共享设施在一楼地面层，包括一些学术分享设施如公用大厅；科学实验室位于学院之间中央地带的三楼和四楼，是出于既可以由某个小学院单独使用又可以在需要时被更多学院共享的灵活性考虑。

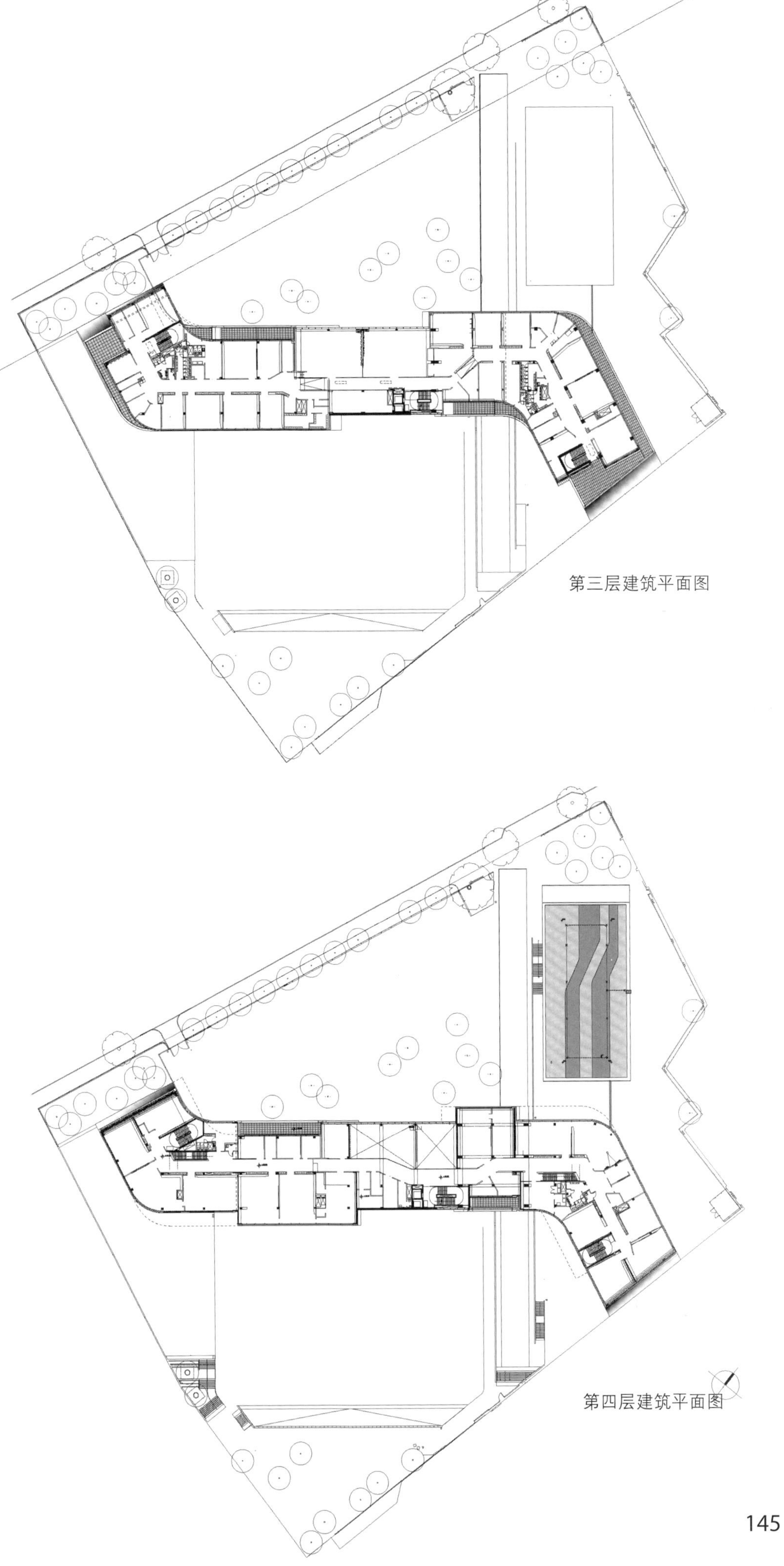

第三层建筑平面图

第四层建筑平面图

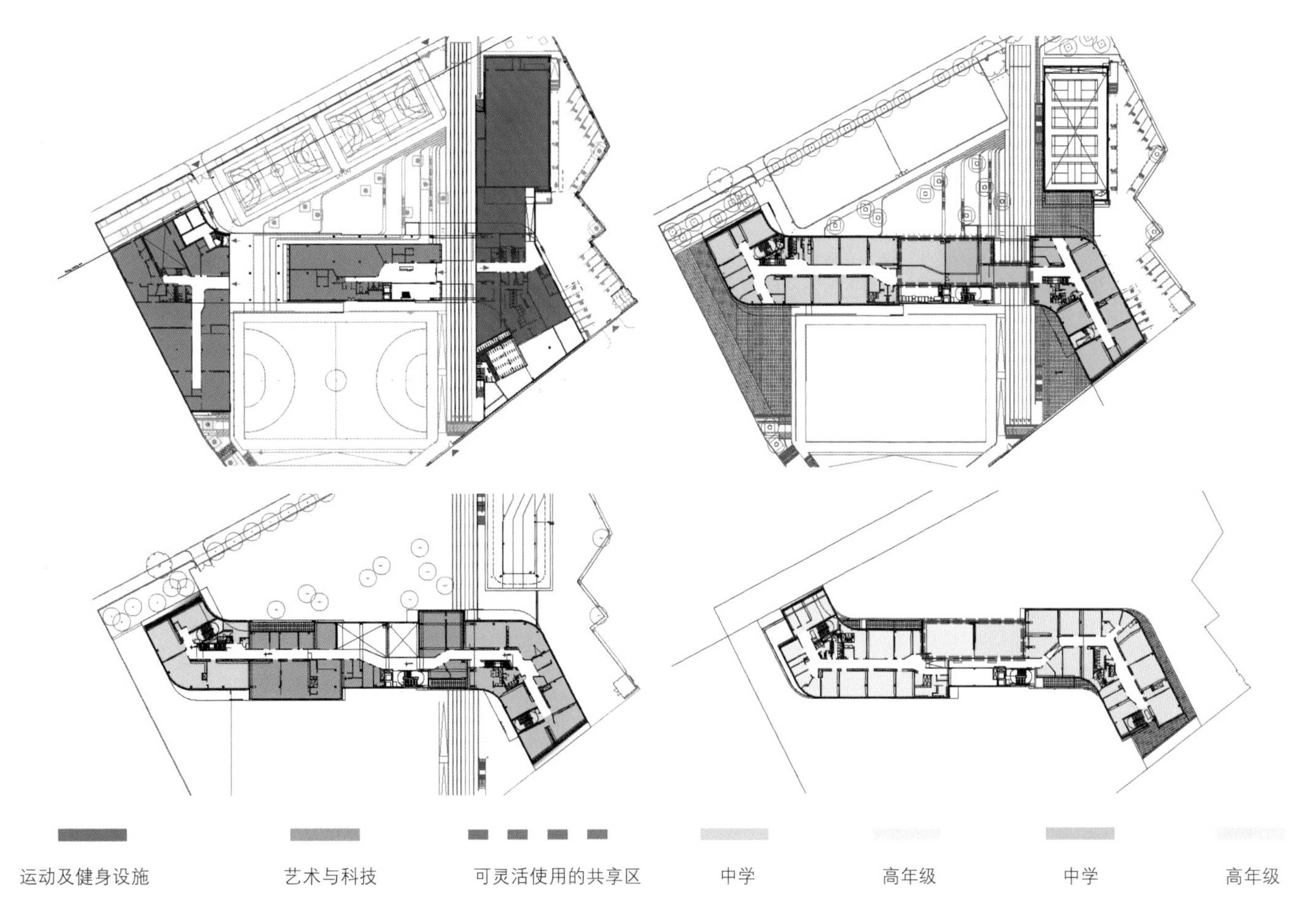
运动及健身设施
艺术与科技
可灵活使用的共享区
中学
高年级
中学
高年级

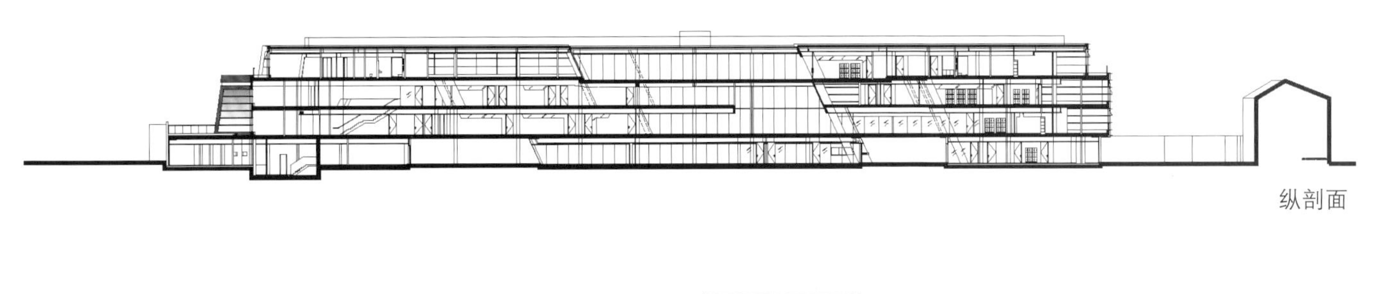

纵剖面

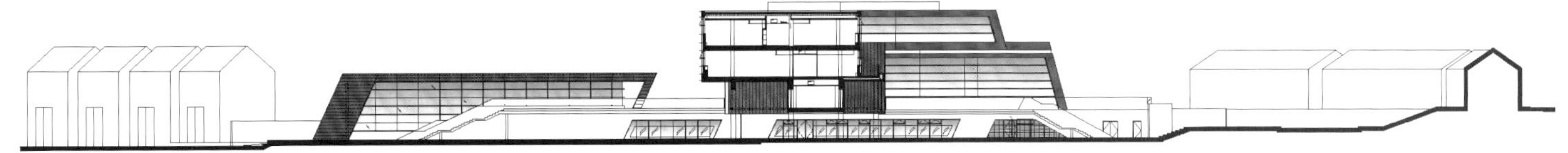

桥梁联接截面（展现运动大楼地平面立视图）

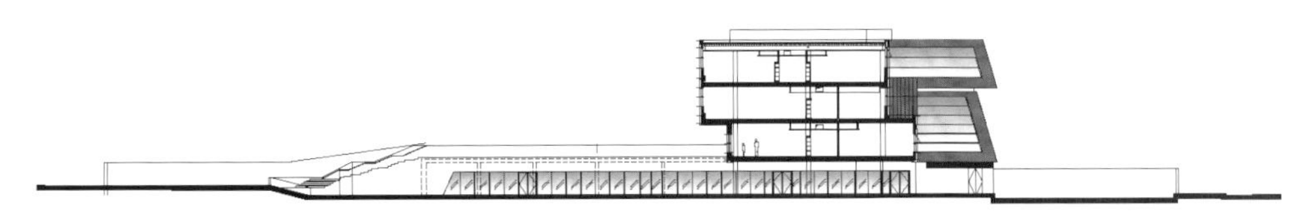

部分建筑截面（展现艺术大楼地平面立视图）

VAUMM architecture & urbanism

巴斯克美食中心

圣塞瓦斯蒂安 吉普斯夸省 西班牙

照片提供：VAUMM architecture & urbanism

2009年5月，蒙德拉贡（Mondragon）大学和巴斯克厨师在一些公共机构的支持下，创立了巴斯克美食中心，用以推动不同地区的美食烹饪学科的专业培训、研究、创新和学习，并在各个大学、科技中心、公司和公共机构之间形成研究流程。该中心位于西班牙的圣塞瓦斯蒂安，将成为烹饪科学大学和蒙德拉贡大学的烹饪科学创新与研究中心的总部。这是首次将这样的计划一起安排在同一个屋檐下。

该建筑是烹饪科技大学的一个标志，展现了建基于科技领先和创新之上的一个形象。同时它尊重并与周围环境相互影响，最大限度地利用这个地点的斜坡，在较低楼层的房屋里做出功能性的规划。U形设计将山坡的倾斜度考虑了进去，室内和外部的设计充满了活力，能促进使用者之间的互动和交流。空间被分成三个地带：一个用作研究，一个用作学术工作，还有一个用来进行实践工作。所有用作实践活动的领域——更衣室、工作间、食品准备区、原料储存室和厨房——垂直排列并直接相通。该建筑的屋顶被用来种植蔬菜和各种香草。

从远处看，该建筑的结构像是一叠凌乱的餐盘。这一设计使建筑和周围坡地的景观相得益彰，并明示了建筑内部所进行的事业。

建筑方：
VAUMM architecture & urbanism
建筑师：
Iñigo García Odiaga，Javier Ubillos，Jon Muniategiandikoetxea，Marta Alvarez y Tomás Valenciano
合作者：
Naroa Oleaga Barandika，Architecture PEC student
Ander Rodriguez Korta，Architecture PEC stdent
项目执行：
LKS
整合项目管理：
LKS
场地管理，结构和设施：
LKS
LKS团队：
fco. Javier de la Fuente，Santiago Pérez Ocariz，Arantxa Jauregi，Nerea Mujika，Garbiñe Otegi, Ander Maiztegi，Javier Eskubi
总建筑面积：
161,000平方英尺（15,000平方米）

该建筑是烹饪科技大学的一个标志，展现了建基于科技领先和创新之上的一个形象。

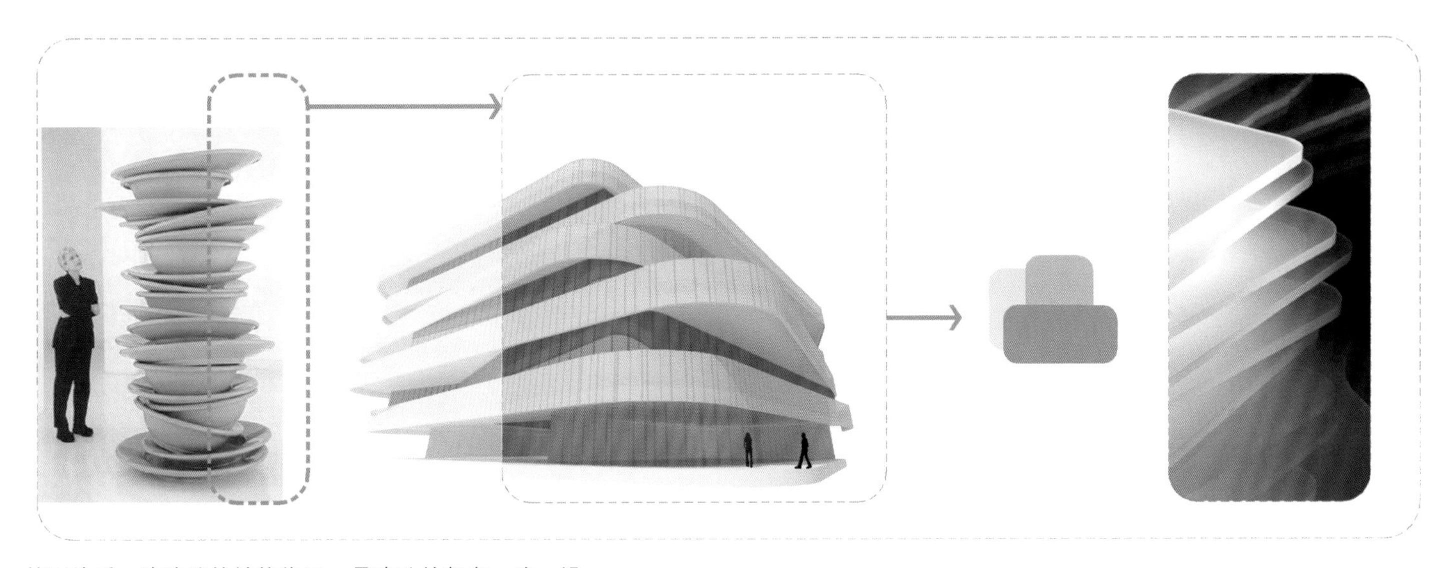

从远处看，该建筑的结构像是一叠凌乱的餐盘。这一设计使建筑和周围坡地的景观相得益彰，并明示了建筑内部所进行的事业。

第一层建筑平面图

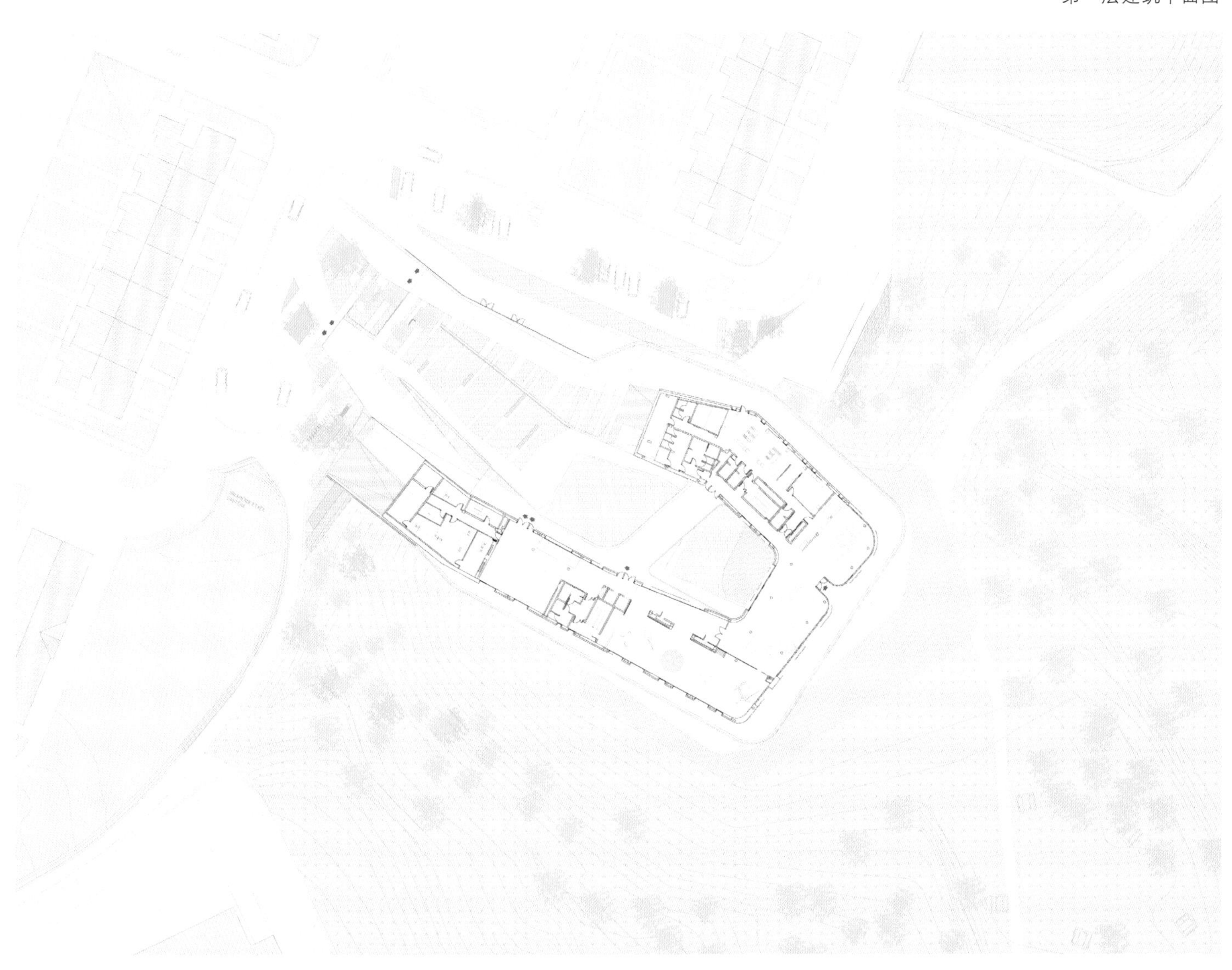

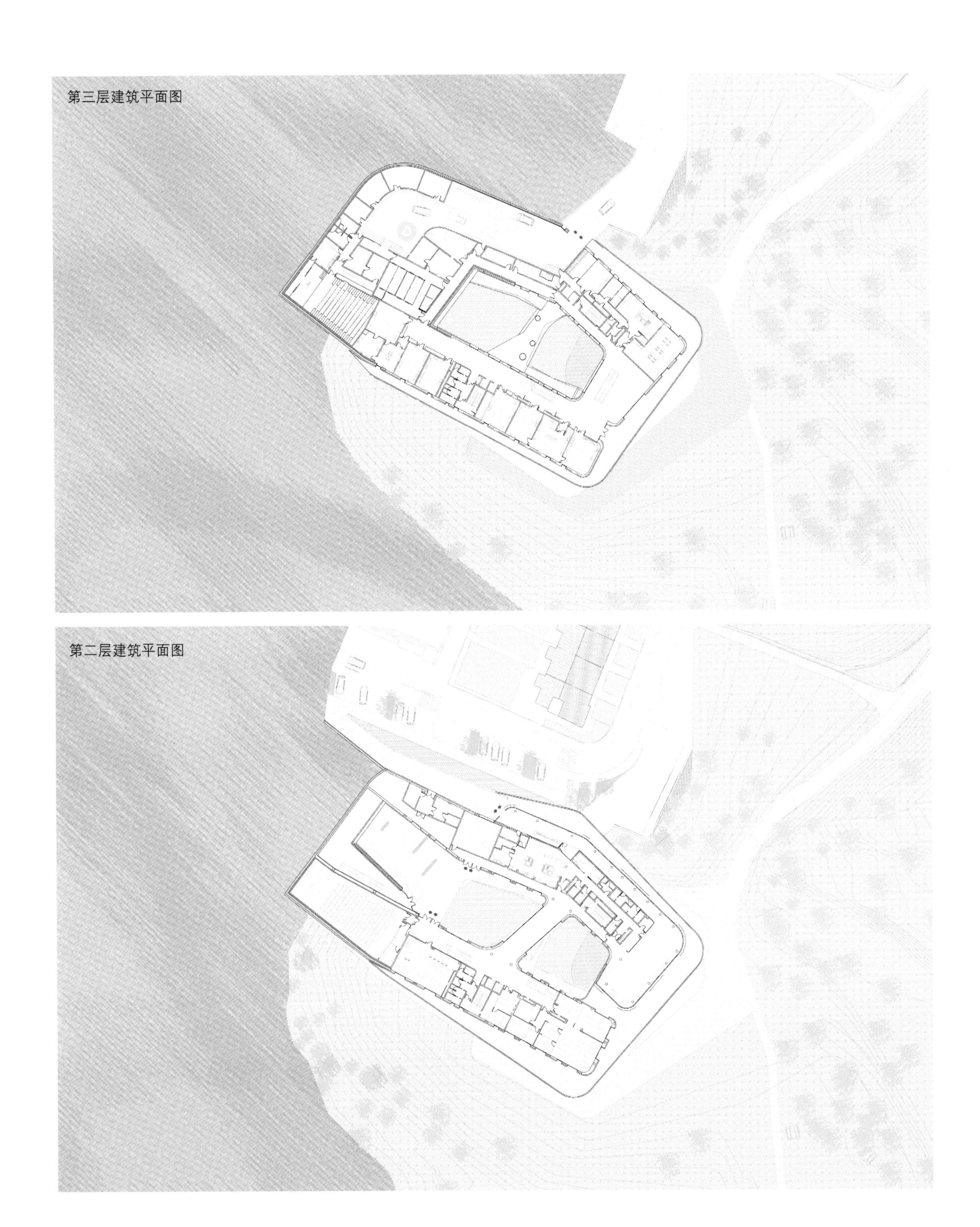
第三层建筑平面图
第二层建筑平面图

第五层建筑平面图

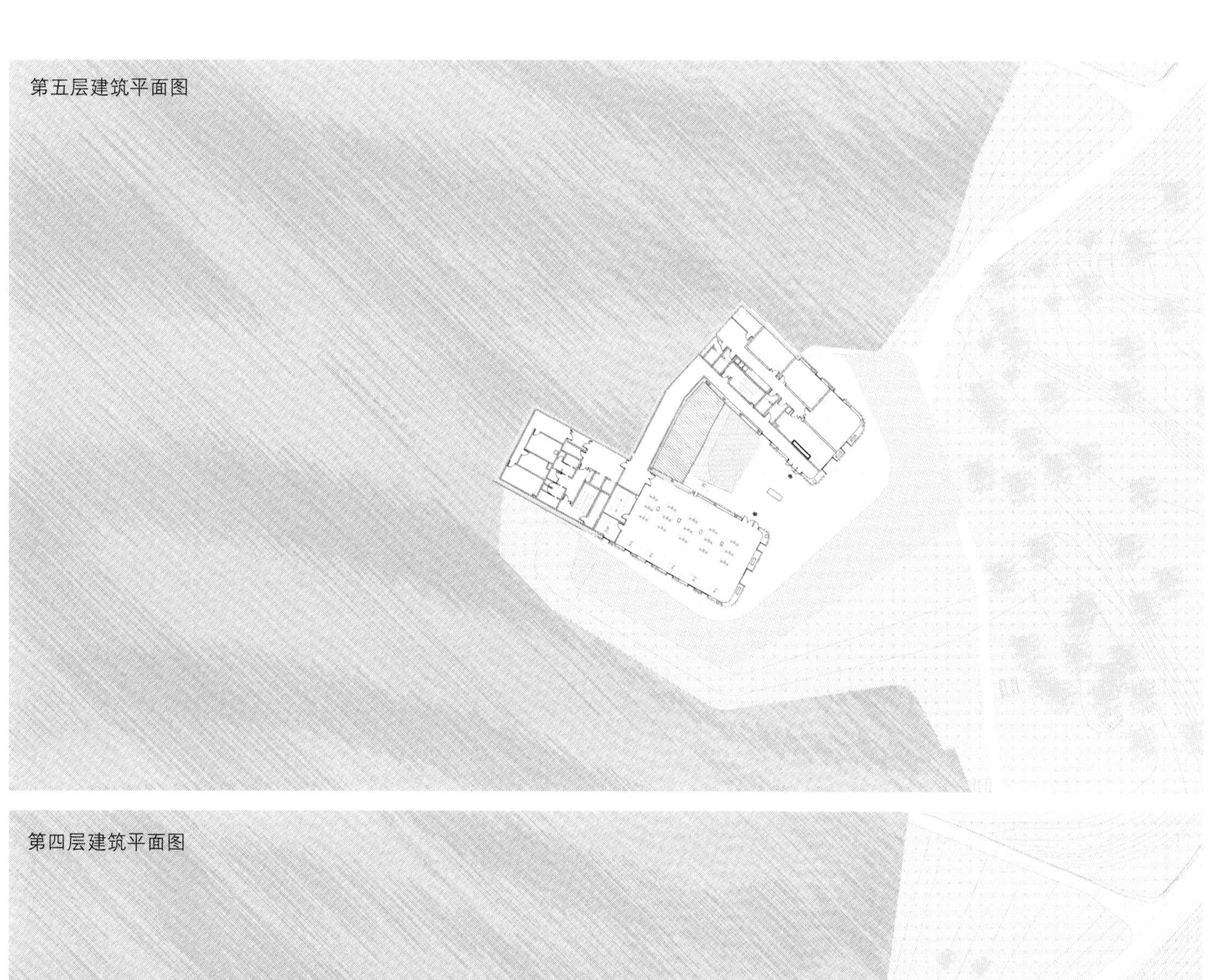

第四层建筑平面图

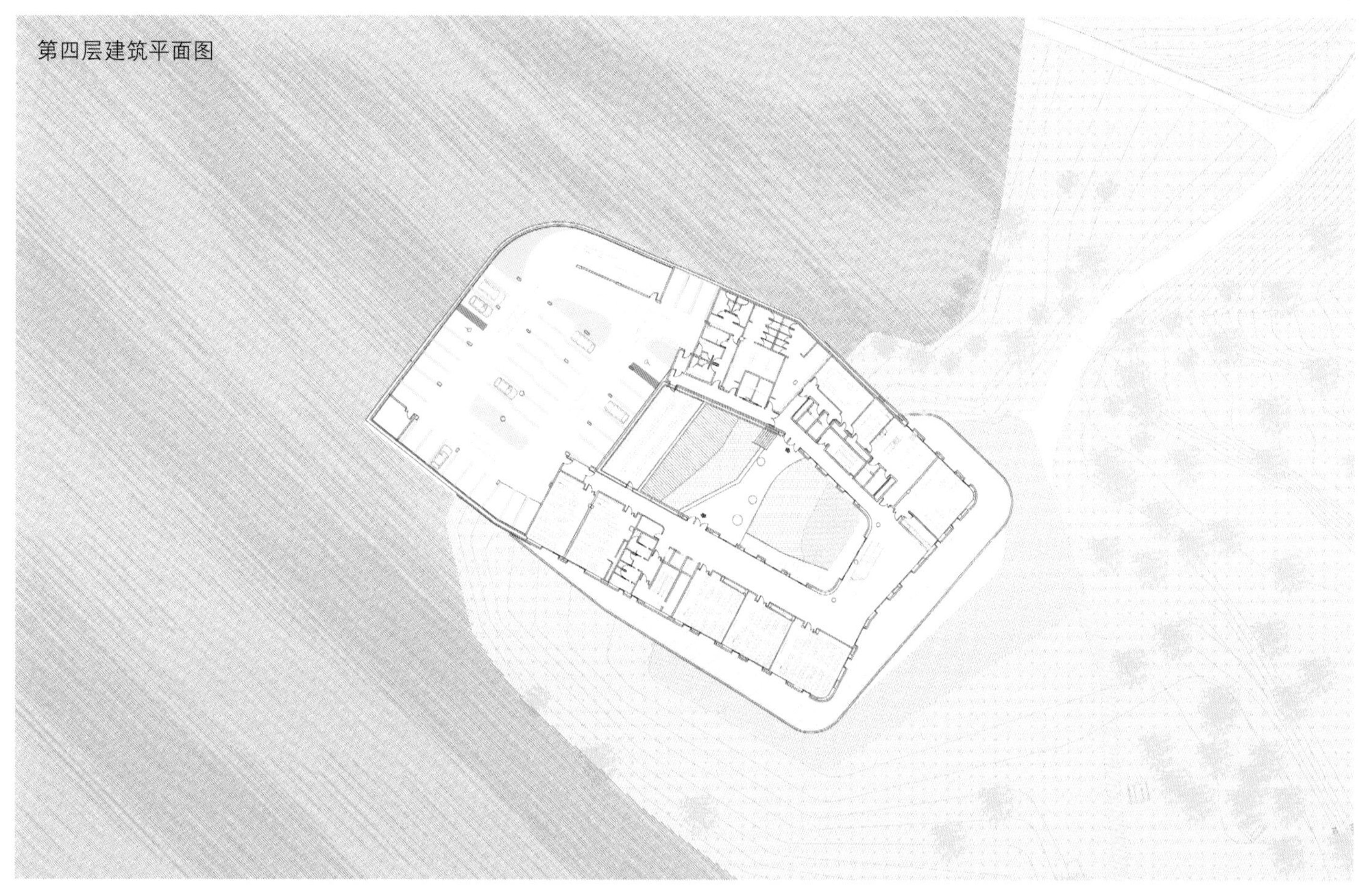

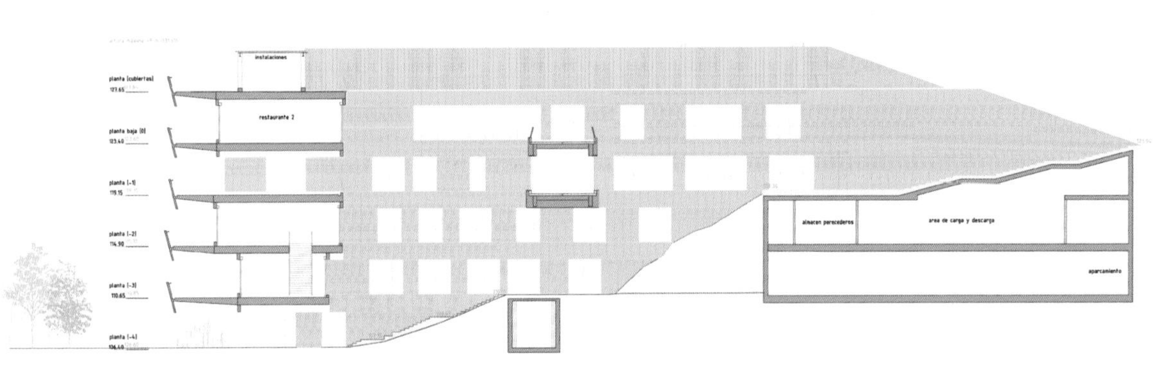
instalaciones
planta (cubiertas)
127.65
restaurante 2
planta baja (0)
123.40
planta (-1)
119.15
almacen perecederos
area de carga y descarga
planta (-2)
114.90
aparcamiento
planta (-3)
110.65
planta (-4)
106.40

纵剖面

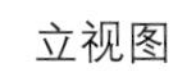

立视图

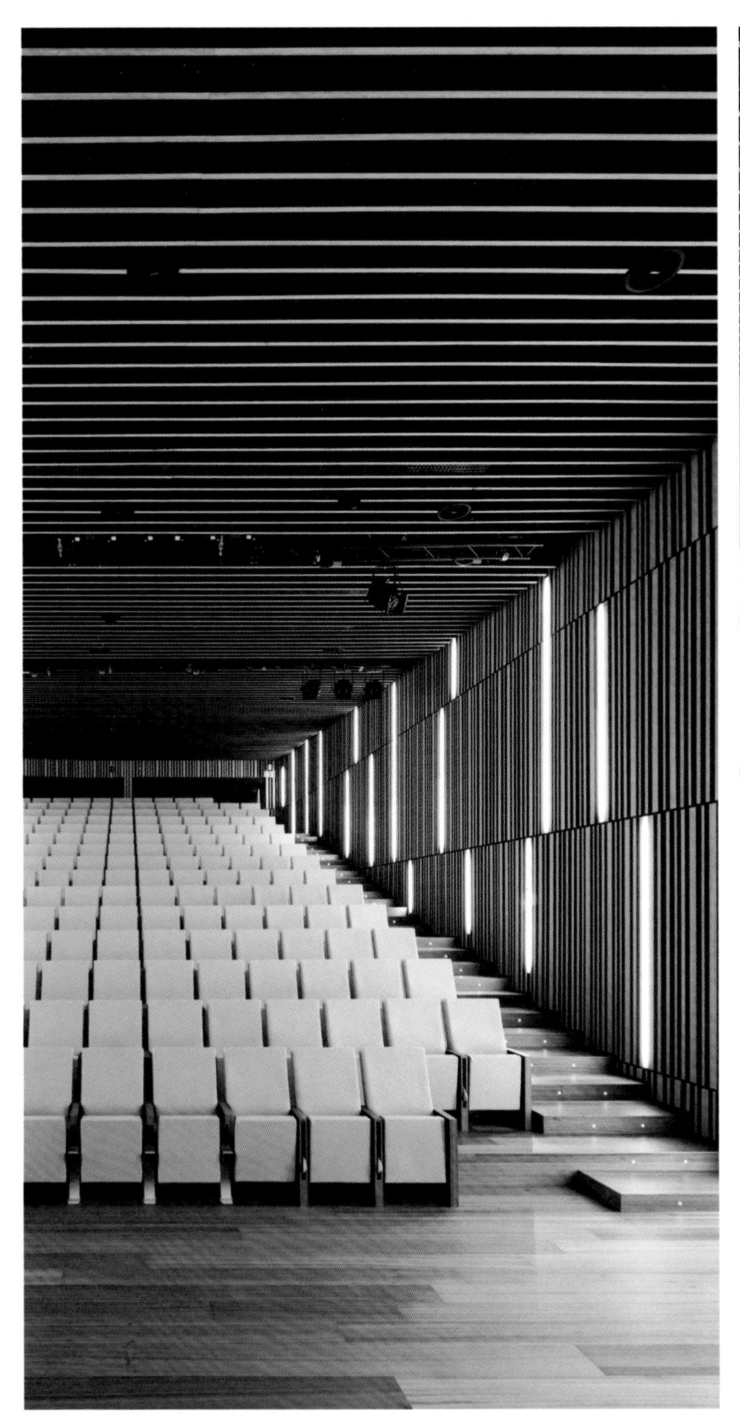

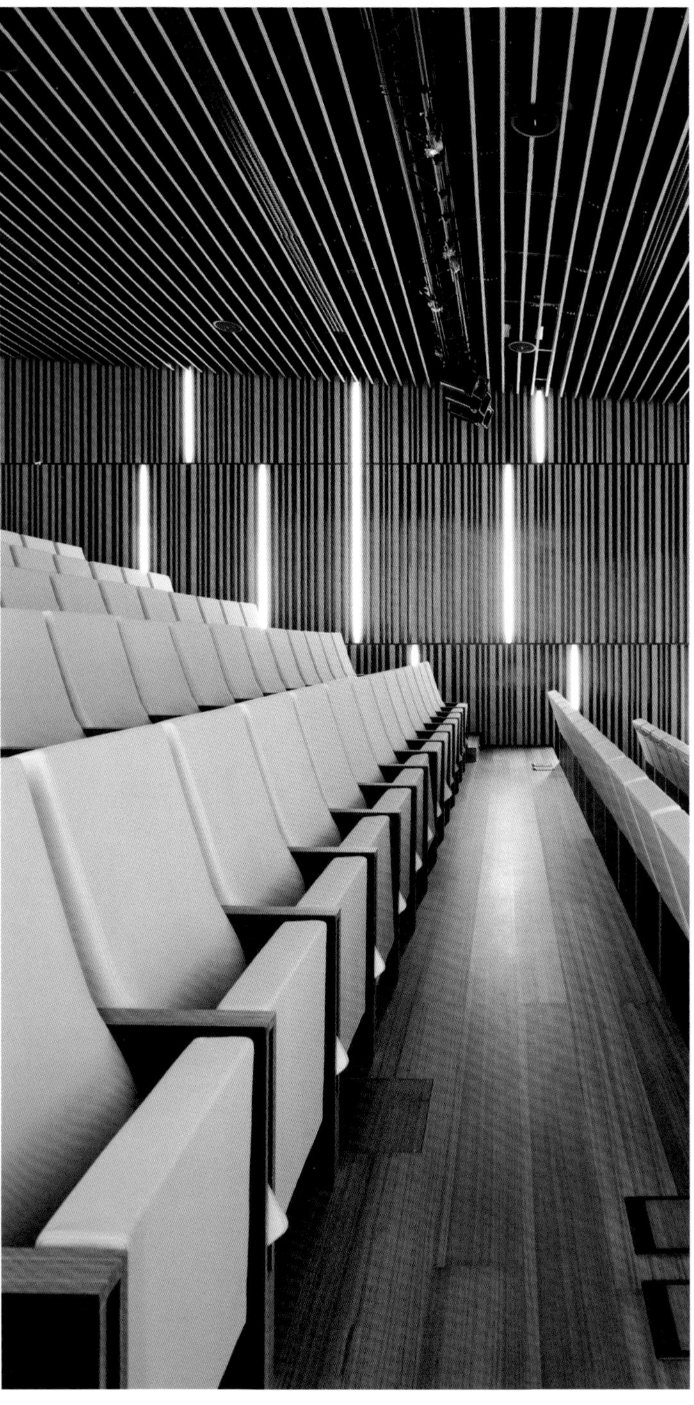

立面设计

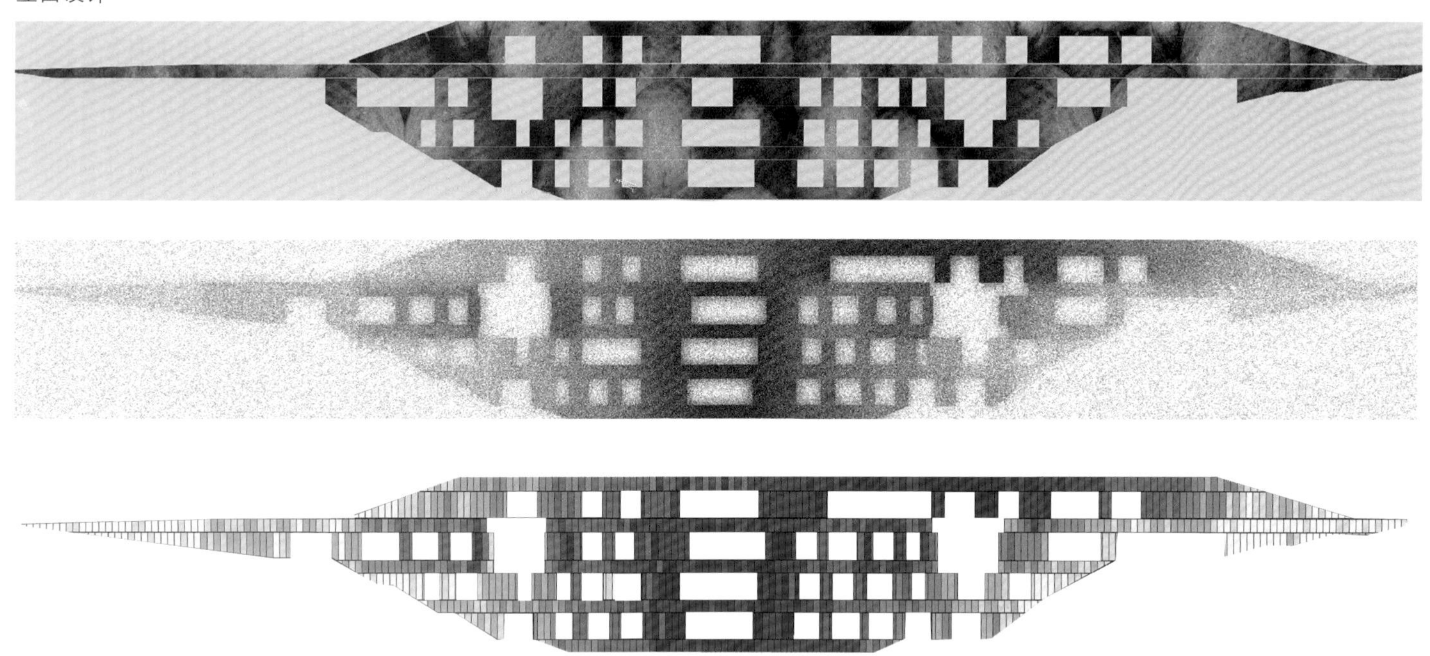

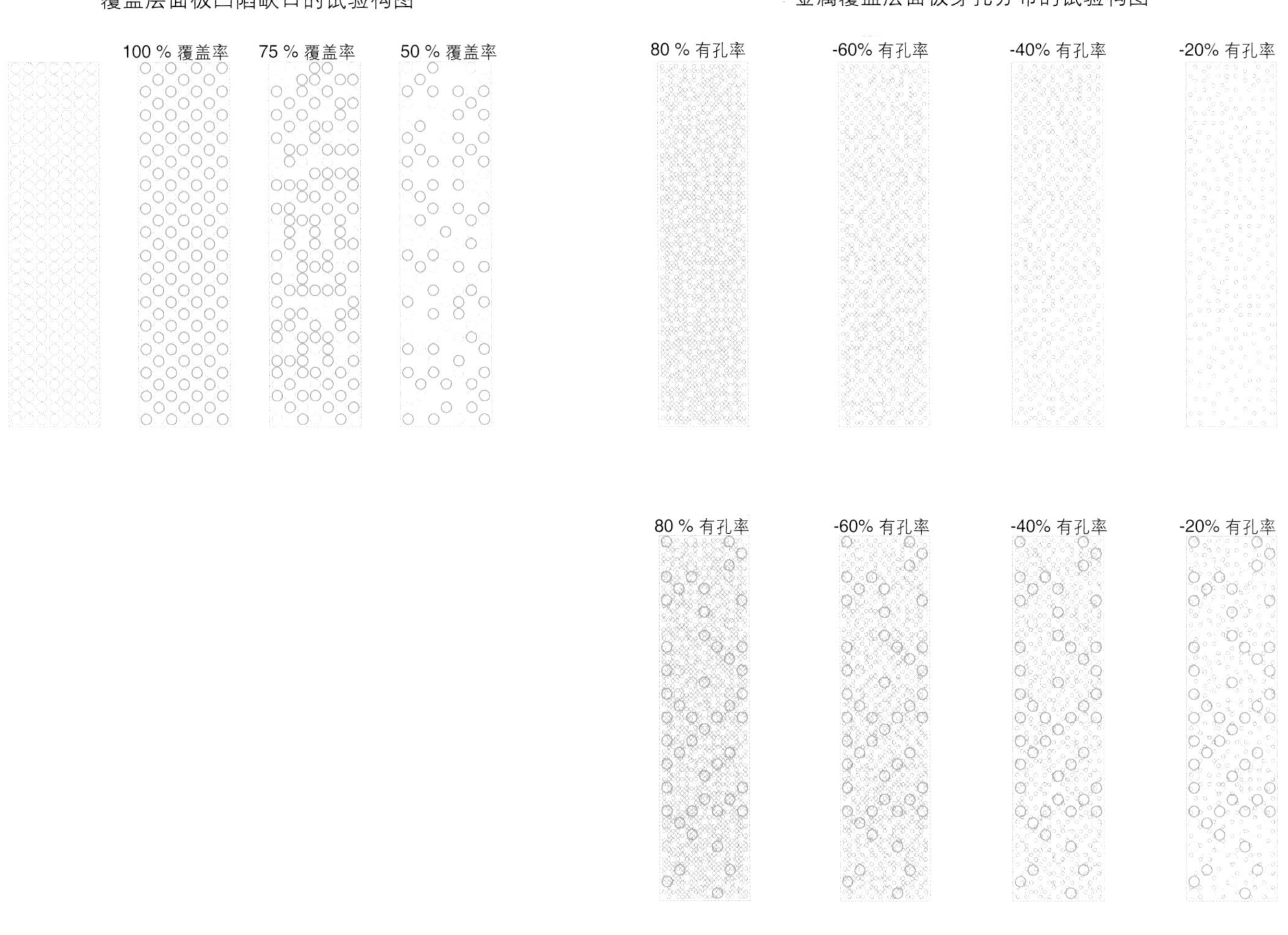
覆盖层面板凹陷缺口的试验构图
100 % 覆盖率
75 % 覆盖率
50 % 覆盖率
金属覆盖层面板穿孔分布的试验构图
80 % 有孔率
-60% 有孔率
-40% 有孔率
-20% 有孔率
80 % 有孔率
-60% 有孔率
-40% 有孔率
-20% 有孔率

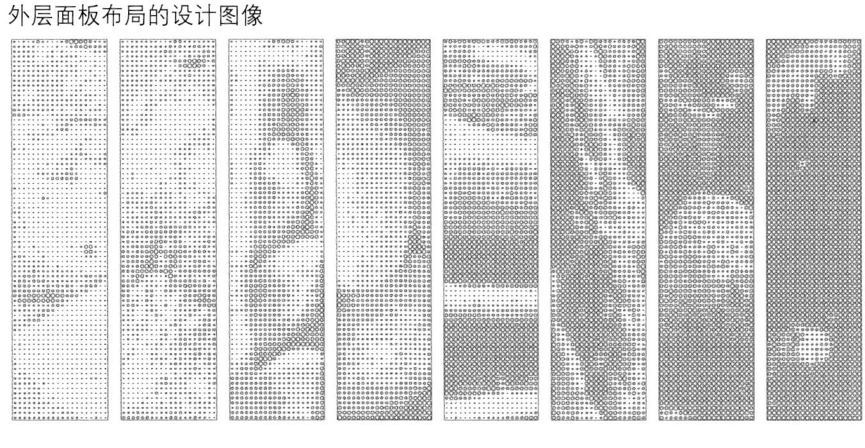
外层面板布局的设计图像

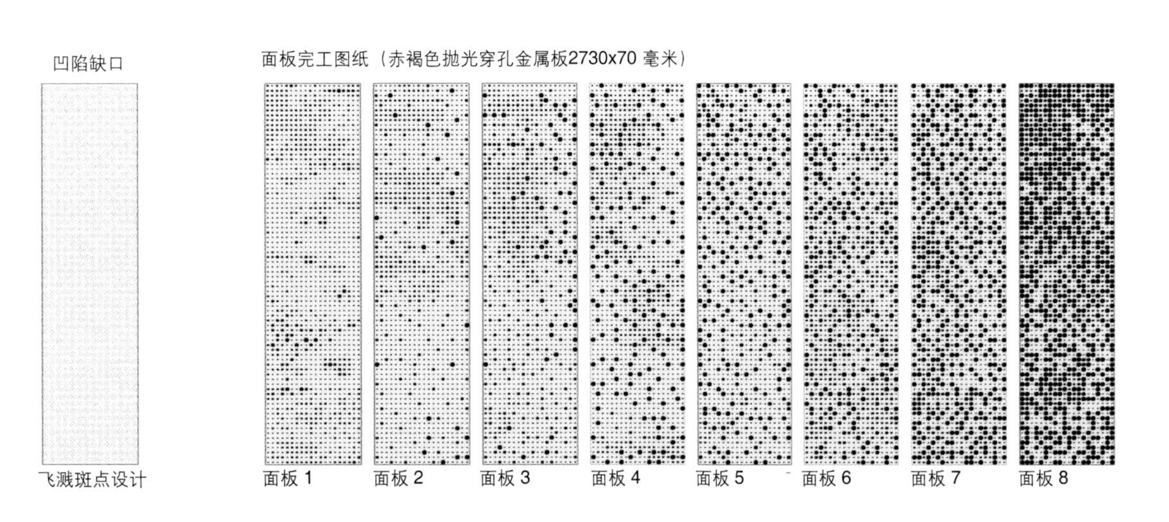
凹陷缺口
飞溅斑点设计
面板完工图纸（赤褐色抛光穿孔金属板2730x70 毫米）
面板 1
面板 2
面板 3
面板 4
面板 5
面板 6
面板 7
面板 8

Clive Wilkinson Architects

时尚设计商业学院

圣地亚哥 加利福尼亚 美国

照片提供：Benny Chan – Fotoworks

35年多以来，时尚设计商业学院（FIDM）致力于提供专业的私立学院教育，强调将学院派精华和现实世界经验相结合。在最近为该学院独特而充满创造性的学习环境进行装置设计时，Clive Wilkinson 建筑师事务所为圣地亚哥分校设计了一种动感的“学习景观”。

学院占据圣地亚哥一个新兴商业区当中一座高楼的整个第三层，CWA围绕着分校校园复杂的纲领性要求创造了一个富于变化的内部景观，始终将圣地亚哥的天际线与邻近公园的壮观景象纳入设计构图中。时尚设计商业学院新的学习景观由三个部分构成：其一为公共入口处，其二为教育区，其三为学生支持服务与行政区。一条连续的通道连接校园的各个区域，诸如接待区、入口处、就业指导区、金融服务区、教室、实验室、学生休息区以及图书馆，每一个特定区域都有着不同的空间体验。

当走上第三层时，来访者会身陷入口区丰富的色彩和材料的包围之中，使人不禁联想起圣地亚哥的沙漠环境。设计师将校园构思成一道景观，通过一种全盘考虑的生动的设计安排，整合了多种功能并连接了各个部分。以当地沙漠植物中常见的暖调橙色、黄色和绿色衬托着沙漠的清澈天空中那华美的蓝色，在公共区以大片橡木嵌板天花和彩色石英砂地板为特点的轻柔缓和的“纪念碑式的”背景色景观中，这些饱和度很高的色彩十分醒目。借助有整面墙高的抽象植物图形，空间具有了视觉纹理，从入口开始，这些植物图形通过接待空间和中央走廊，一直延伸到财务服务区的天花板平面，在那儿达到顶峰而告终。

行政区和学生服务区统一配置了明黄色折叠式天花板和深绿色地毯，开放而显眼。玻璃幕墙的教育、职业规划和行政办公室沿着建筑边线布置，鼓励教员和学生之间的互动。这种玻璃也可以允许日光深深地照入空间里面，使镶嵌在办公室之间的各个休息区对学生和教师同时发出邀请。

学院的创新与协作文化在教室区的细节中得到了体现，从地板到天花的玻璃墙，以及流通空间在关键地点的扩展，形成了开放的媒介区域，使其透明度达到了最大化。

建筑方：
Clive Wilkinson Architects
项目团队：
Clive wilkinson (设计总监)
业主：
时尚设计商业学院
开发者：
Cisterra Development
结构工程：
KPFF Consulting Engineers
机械和水暖顾问：
Walsh Engineers
视听顾问：
Signal Integration Technologies
安全顾问：
Ashland Integrated
总承包人：
Steiner Construction
施工管理：
Steiner Construction
工地监理：
Steiner Construction
房屋面积：
33,300平方英尺（3,090平方米）

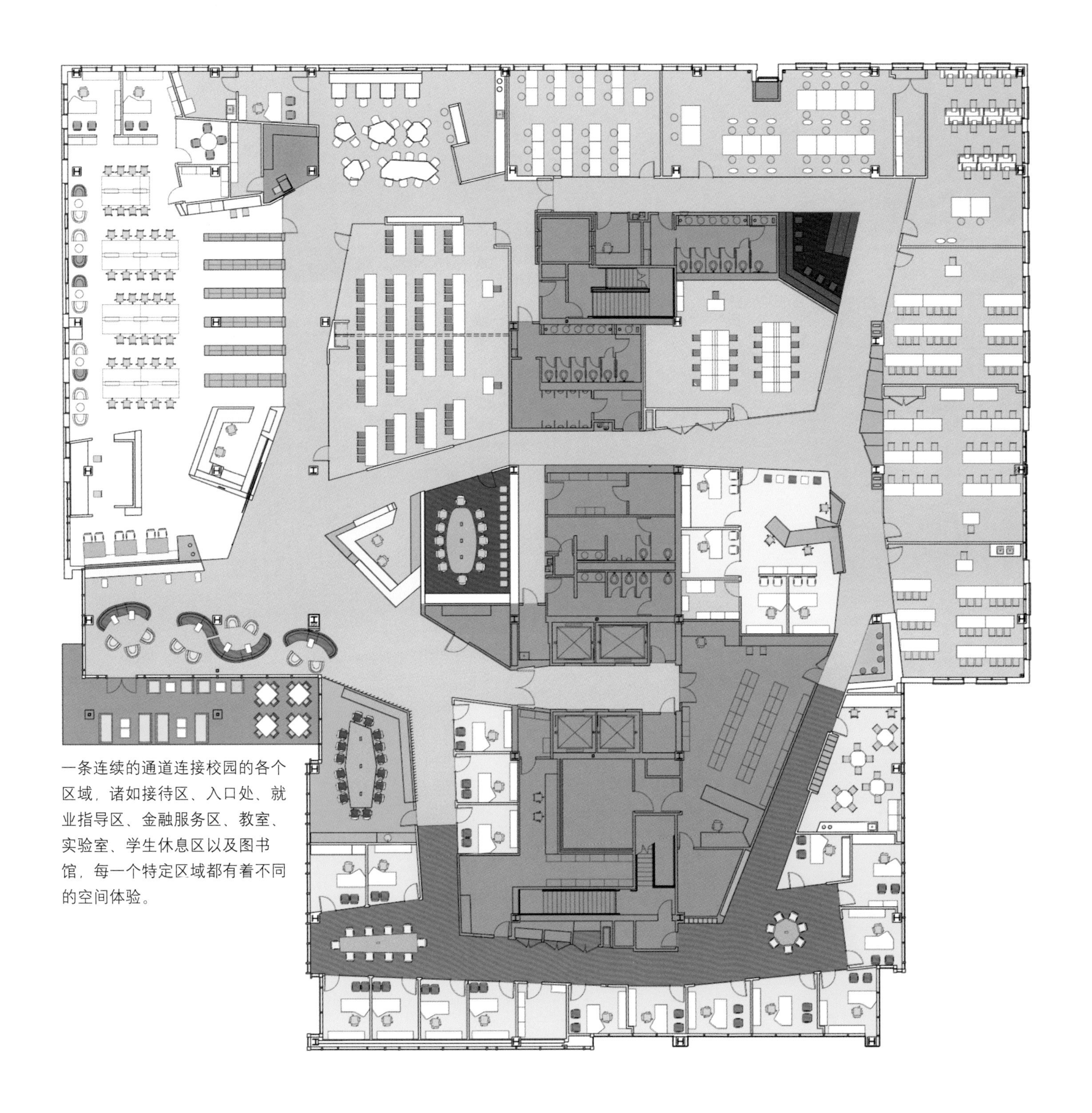

一条连续的通道连接校园的各个区域，诸如接待区、入口处、就业指导区、金融服务区、教室、实验室、学生休息区以及图书馆，每一个特定区域都有着不同的空间体验。

设计师将校园构思成一道景观，通过一种全盘考虑的生动的设计安排连接了各个部分。以当地沙漠植物中常见的暖调橙色、黄色和绿色衬托着沙漠的清澈天空中那华美的蓝色，在轻柔缓和的“纪念碑式的”背景色景观中，这些饱和度很高的色彩十分醒目。

EXIT

Feilden Clegg Bradley Studios

广播大厦

利兹 英国

照片提供：Will Pryce, Sapa & Simon Kirwan

广播大厦接近利兹市中心，是一个混合使用多功能大厦。作为地产商唐宁（Downing）与利兹都市大学的一个公/私合营性质的项目，它在一个23层高的地标性建筑物内提供了约10,300平方米（110,000平方英尺）的新办公室空间和教学空间，以及可同时容纳240名学生的宿舍。北侧的一个新的浸礼会教堂与大厦形成了一个统一的整体。广播大厦对于利兹的城市景观来说，是大胆的一笔，在进出利兹市的某个大门前形成了显眼的标识。大学中的这个新的综合楼克服了困难重重的地点所带来的挑战，其总体规划既要处理市中心高速公路在一旁经过的难题，又要兼顾到未来的发展。作为BBC的第一个电视演播室和路易斯王子在19世纪末研发出首个移动图片的所在地，这个位置本身具有丰富的历史背景。它为献身于利兹都市大学人文与社会学院的教育建筑设置了一个理想的舞台。

总体设计在公民建筑师约翰・索普和波士顿科特・金联合公司（Civic Architect John Thorp and Koetter Kim Associates of Boston）制定的利兹复兴计划文件框架内进行规划，他们给“城市圈”做了明确定义，在重建城市中心及其周边的过程中，保持自然的和社会的连通性是至高无上的原则。融合了地理的、雕塑的和影片的建筑概念，设计师创造了一个牢牢根植于其背景中的建筑物。应对现有建筑的高度，两个上升状形体蛇行环绕着场地的周围，在场地的南边达到顶峰并终结于塔楼的“头部”。这座楼塔以面对城市的戏剧性的山墙端标志了该大厦的南部边界。该塔楼被认为是固体的景观形式，它借鉴了约克郡丰富的地质和雕塑遗产。陡斜的屋顶高跨比在大量的建筑物中都有反映，有着尖锐的三角形切角和悬臂式投影角。窗户被设想为是水通过岩层在流动。这一设计意图通过使用耐候钢的雨幕式幕墙得到了加强。

楼塔坐落在城市中心的高处，与该市的许多高大建筑融为一体。分级式的楼塔前端建筑体给天际线涂抹了最大的一道风景线，靠近地面和人群，其尺度和影响稍小。这种倒置传统的分级式建筑集合体使楼塔呈现出独特性，给利兹都市大学和唐宁地产集团提供了一个新的身份。雕塑般的南立面没有窗户，反映了东-西向住宿的好处，同时加强了楼体雕塑形状在城市中的清晰度。

建筑方：
Feilden Clegg Bradley Studios
结构工程师：
Halcrow Yolles
MEP工程师：KGA
主承包商：
George Downing Construction
其他顾问：
Robert Myers Associates；Matthew & Goodman，HE Simms

Broadcasting Tower

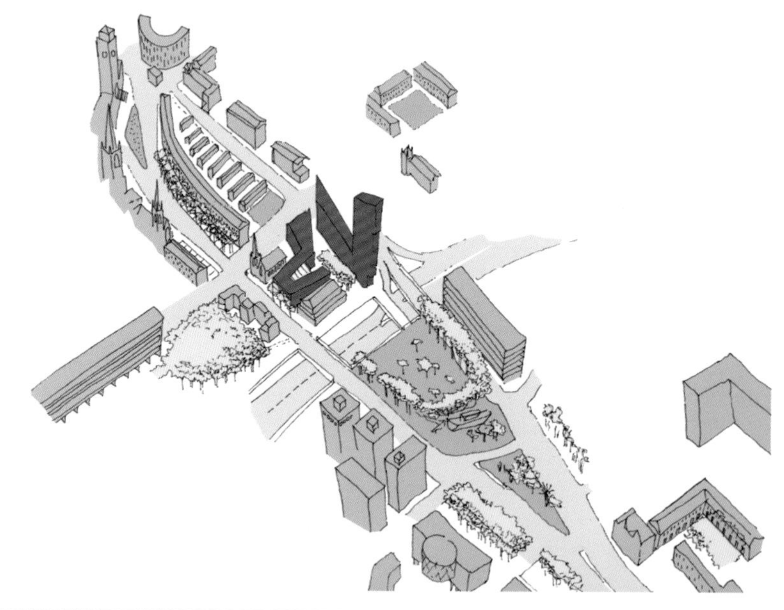

Royal Armouries
West Yorkshire Playhouse
Tetley's Brewery Wharf
Thackray Medical Museum

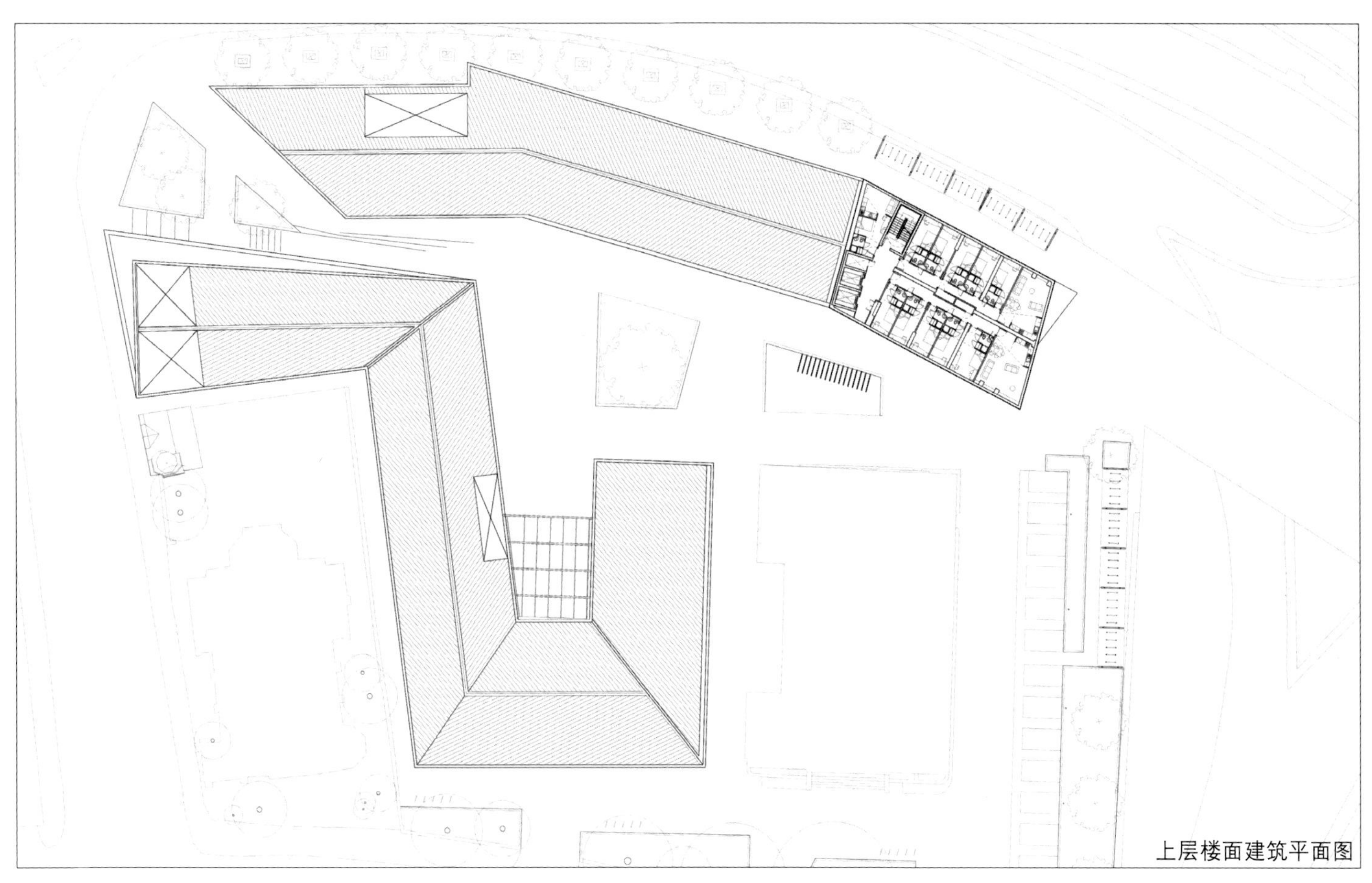

上层楼面建筑平面图

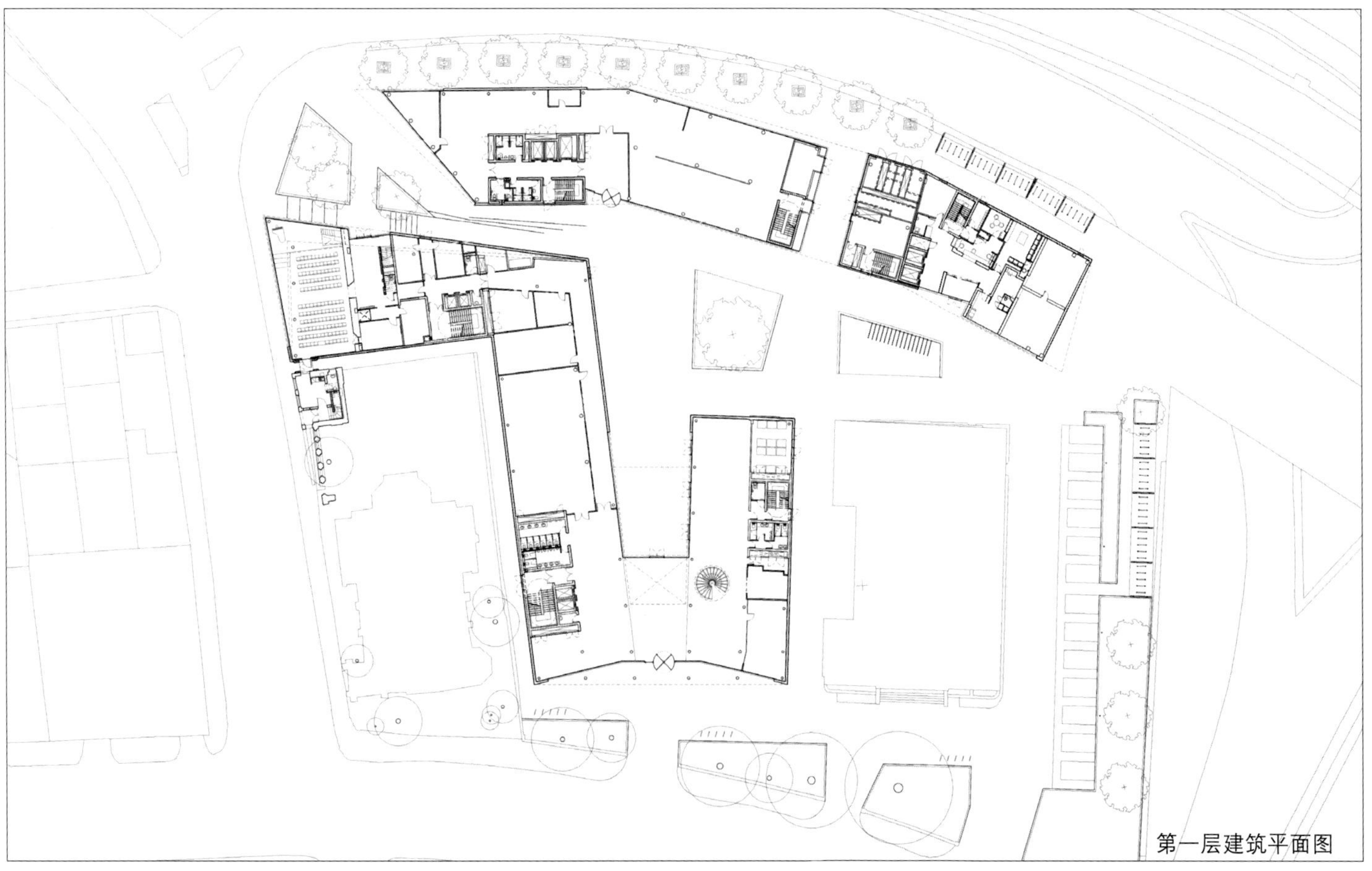

第一层建筑平面图

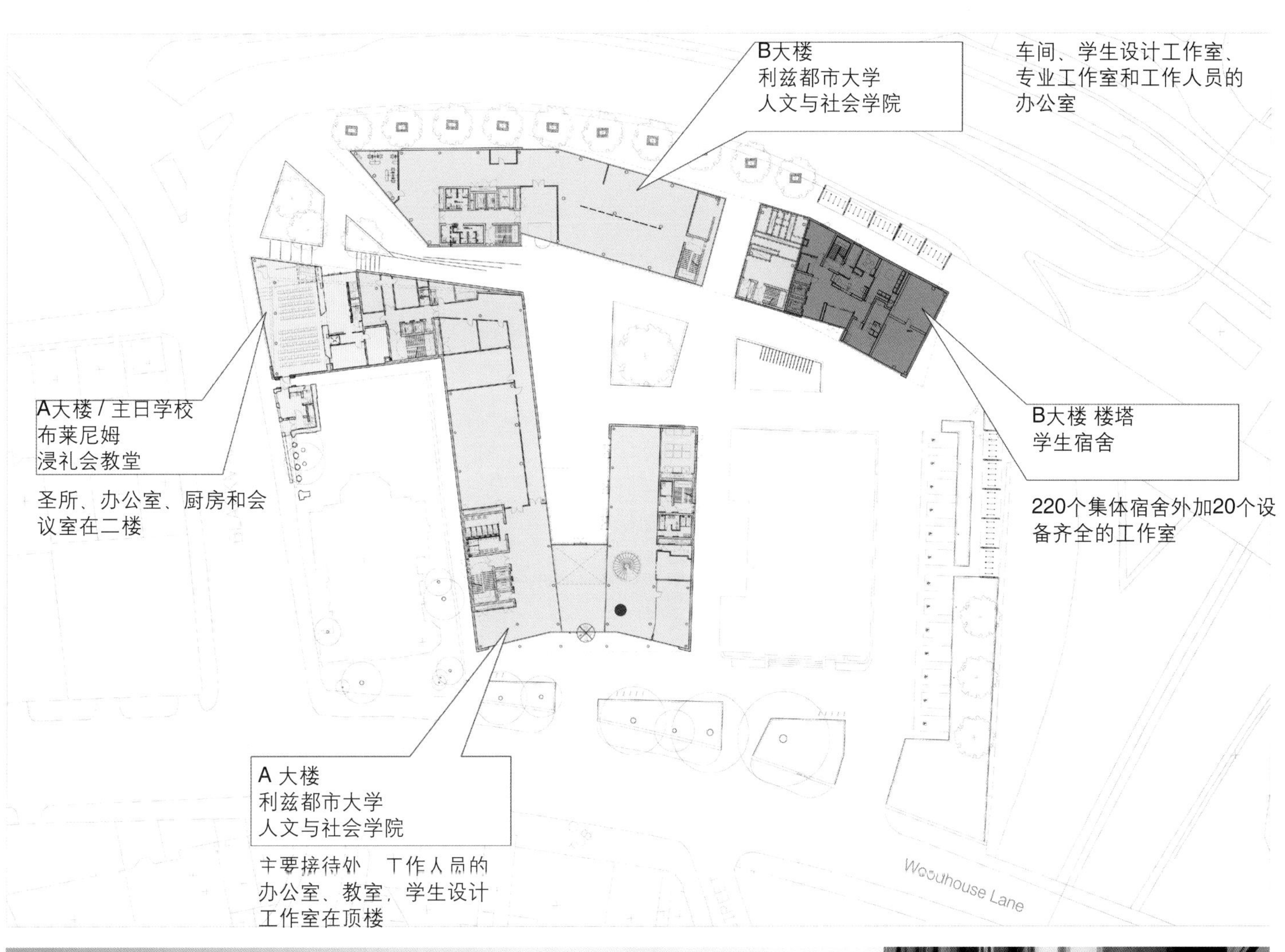

一个新的公共空间连接了大厦两边的主要市区地点和过境道路。广播大厦打开了被前期开发所阻塞的行人通道，并重新连接了木屋小巷和布伦海姆人行道。

BBC的第一个电视演播室和路易斯王子在19世纪末研发出首个移动图片的所在地与老广播大厦并排，该设计与城市规划部门尤其是其保护部门进行了协商。英国遗产部门也参与了这些讨论，经过最初的反对，这些设计最终得到了支持。

该项目的一个重要特点是在其立面针对日光的有效性和减少太阳照射而作的设计，利用了Fidlden Clegg Bradley开发的软件得出玻璃使用比率。为确保高水平的自然采光而又不至于过热，广播大厦的设计团队对建筑的外立面进行了创新性的分析，在各个点上都计算出玻璃/阴影最佳的数量和分布状况。该研究课题由David Littlefield发表在2008年的《飞船》杂志上，这是由RIBA（英国皇家建筑师协会）出版的建筑类专业期刊。

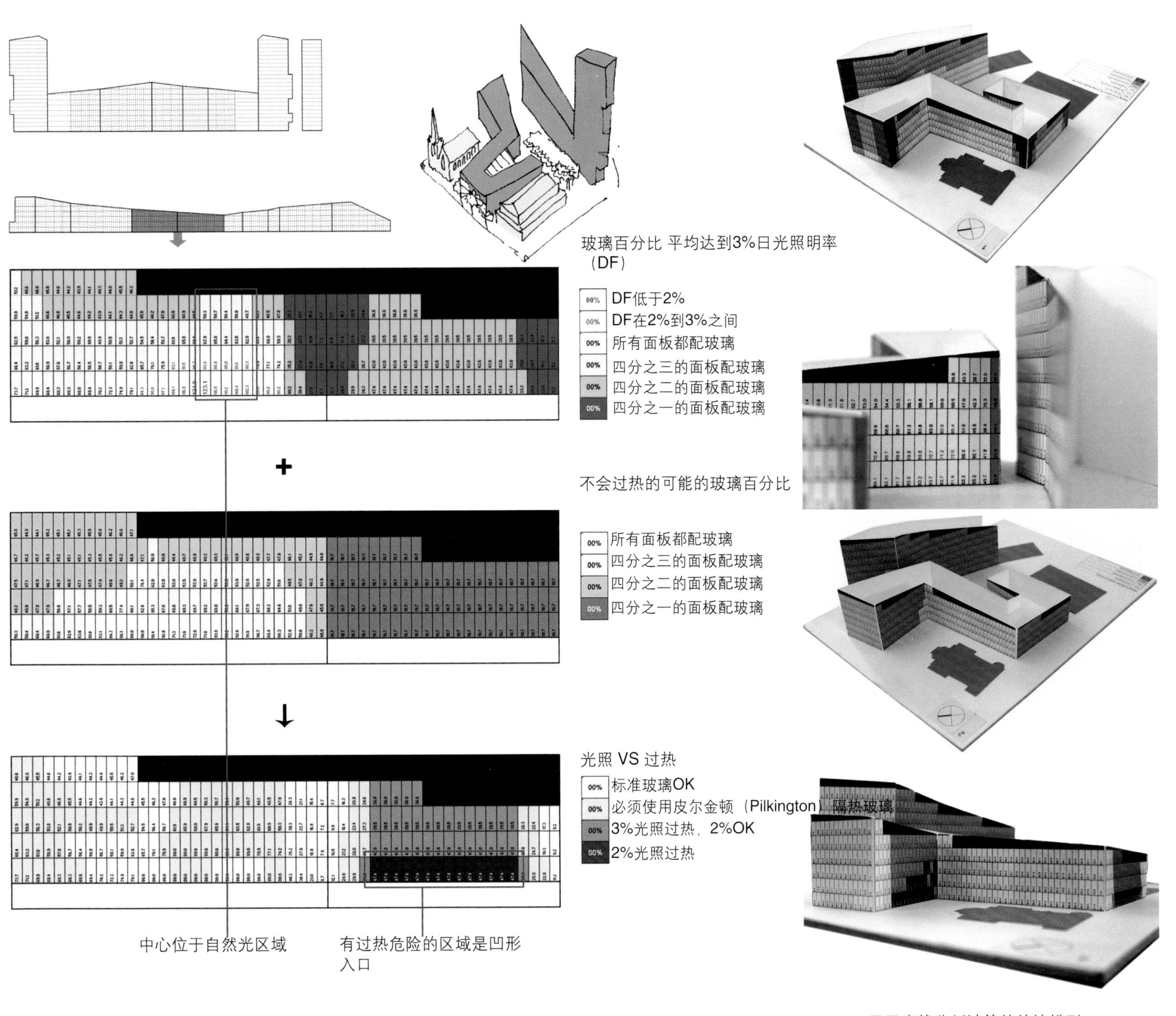

显示光线分析计算的外墙模型

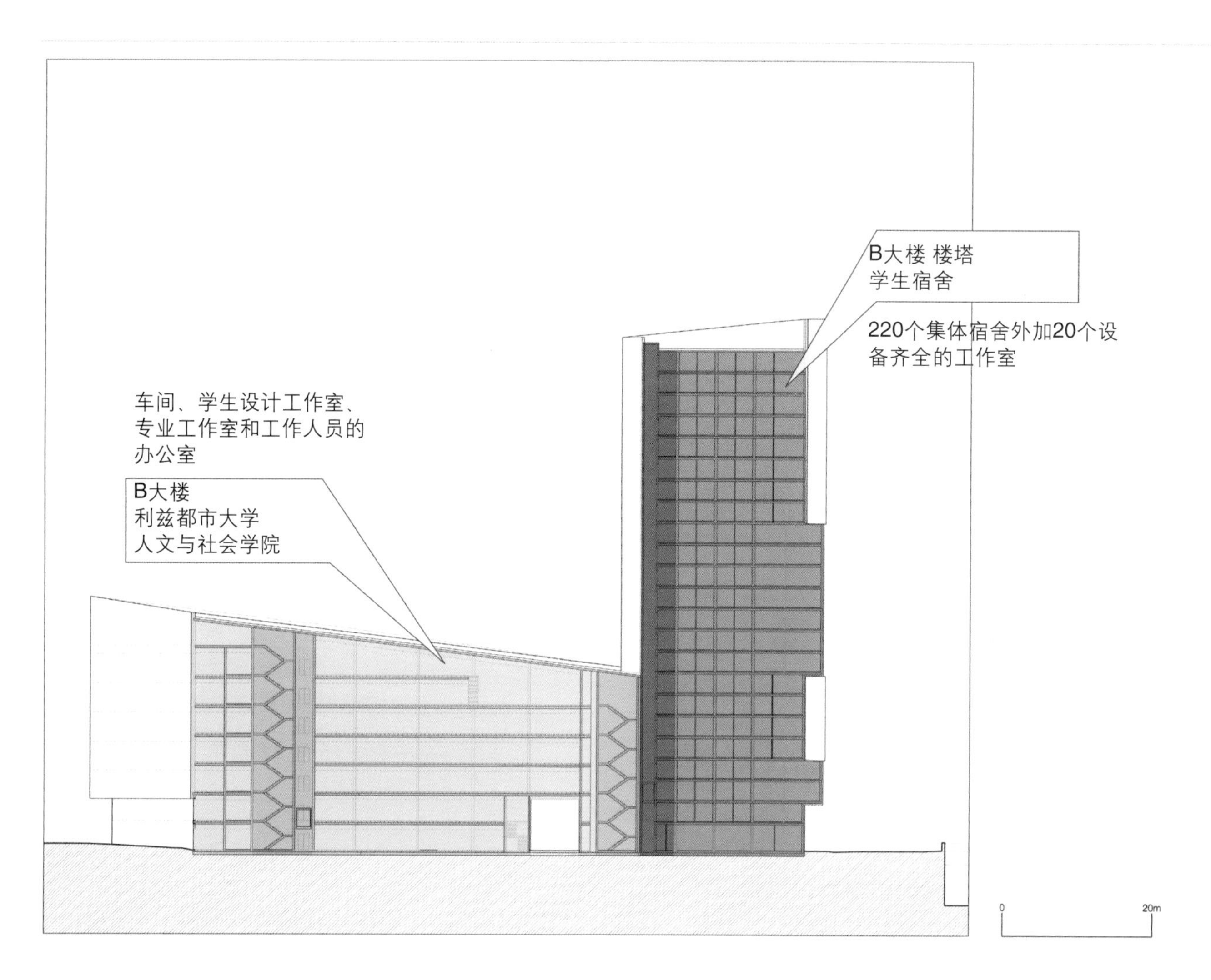
B大楼 楼塔
学生宿舍
220个集体宿舍外加20个设备齐全的工作室
车间、学生设计工作室、专业工作室和工作人员的办公室
B大楼
利兹都市大学
人文与社会学院
0
20m

rmission

iMac

Zimmer Gunsul Frasca

约翰·E·贾克学生运动员中心

尤金 俄勒冈 美国

照片提供：Basil Childers，Ron Copper，Eckert & Eckert

建筑方：
ZGF Architect，LLP

俄勒冈大学的约翰·E·贾克（John E. Jaqua）学生运动员中心为了给大学生运动员提供一个聚集的场所而探索着透明度和连通性的界限。为学生创造一个感到与自然景观融为一体的宁静环境是一个挑战，而选定的位置更加重了这一挑战：它位于校园与尤金市交界处的一个繁忙地点，在学校某个大门的旧露天停车场上。这一位置的视觉突出性导致了该建筑被设计成四个公共立面而没有"后面"，这是一个在景观中增强存在感的因素。

该建筑的一楼向公众开放，并设有咖啡厅、大礼堂、用作公共活动区的中庭，以及一个用来纪念本大学过去、现在和未来的学生运动员的传统空间。一楼还包括工作人员的办公室和学生运动员/普通学生团体聚会所共享的助教空间。上面两个楼层是俄勒冈的学生运动员和工作人员专用的，有受控的通道。该设施包括一个含114个座位的礼堂、35个导师教室、25个教师/咨询办公室、一个会议室、一个机动教室、计算机实验室、图形实验室、3D教学实验室、图书馆，以及独立的学生、导师和员工休息室，还有40个研究单间，对新生来说足够了。

构成整座建筑外墙的玻璃结构坐落在一片"水面桌"之上，周围树林繁茂。双层幕墙用来隔音、保温，并可以控制建筑物内的有效日光。墙壁使用五种元素组合建造而成，这样不仅使建筑能在各个方向与周围景观相互呼应，同时也增强了建筑的透明度和连通性的概念。在幕墙里面还有一个棱镜似的、垂直的不锈钢屏幕，它能够为楼内提供遮阴、控制温度、搜集热量等服务，并保护楼内的隐私。玻璃幕墙和室内空间进行了严谨的形状设计，这样便在视觉上，将室内各房间与楼前的大花园连接到了一起。而玻璃和水面的反射和透明性则似乎消除了建筑与水面的界限，让建筑与景观更好地融合在一起。大楼里有一个中庭，是整个建筑的"心脏"地带。中庭的墙壁上雕刻了许多图案，它展现了俄勒冈大学辉煌的体育文化遗产。此外，设计师还在中庭里设计了一面类似计分板的墙壁，上面写有为学生运动员安排的指导课程。

二楼学生的休息区与下面花园里的桂枫叶树被安置在同一轴线上，这创造了一种像是身在树梢而不是休息室的感觉。

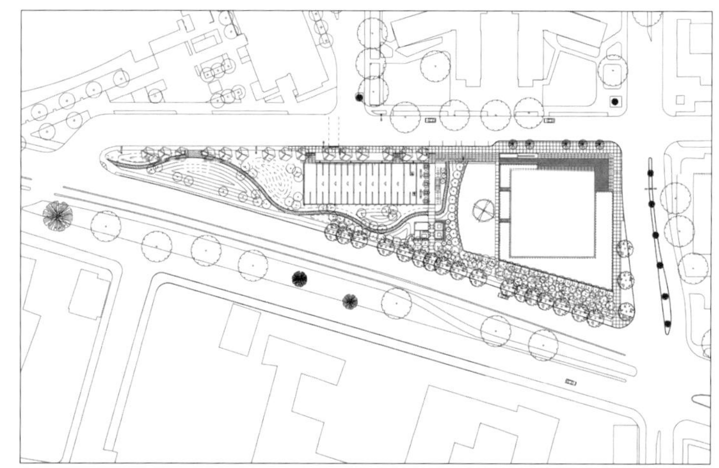

这一位置的视觉突出性导致了该建筑被设计成四个公共立面而没有“后面”，这是一个在景观中增强存在感的因素。

通过对艺术、环境图形和建筑风格的整合，该中心俨然是陈列学生运动成就的神殿。许多展览将随着时间的推移而持续进化。在中庭休息厅，陈列着大学年度学生运动员的各类奖项，包括奖学金、社区服务和体育精神等方面。

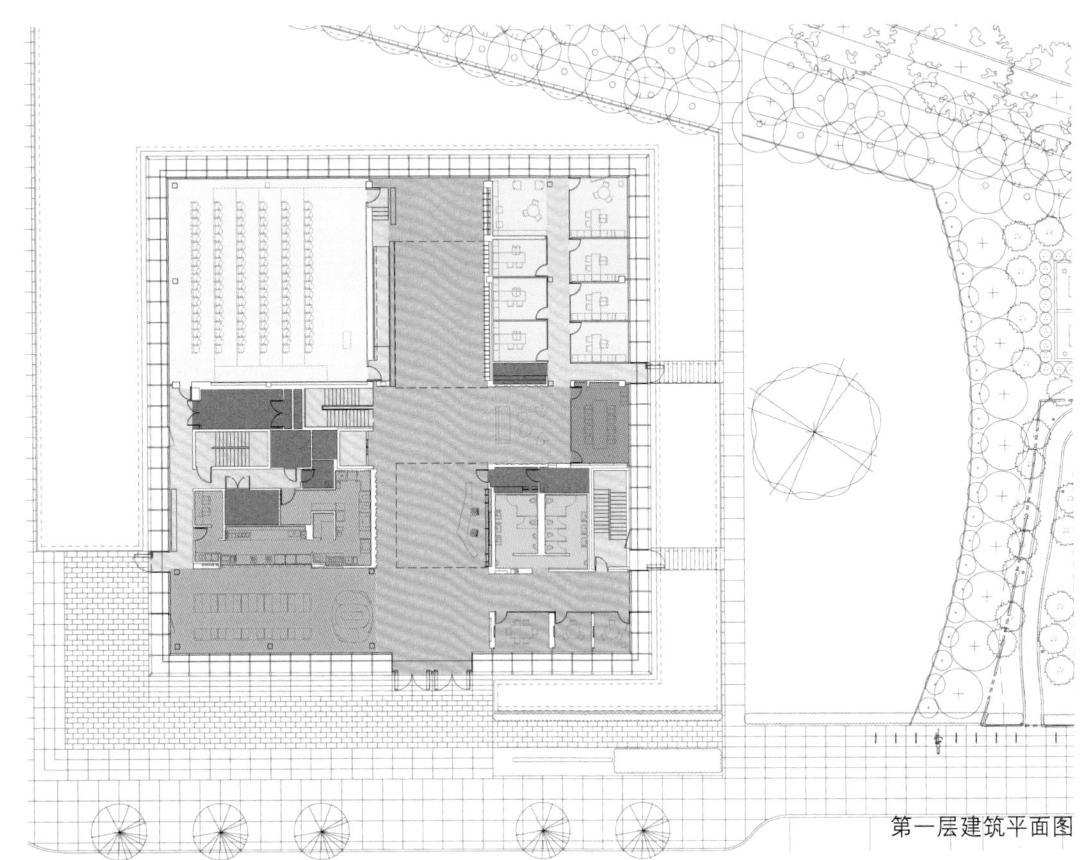

第一层建筑平面图

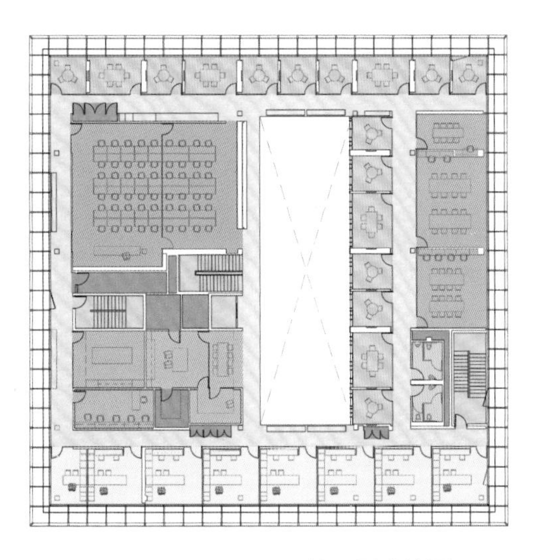

第三层建筑平面图

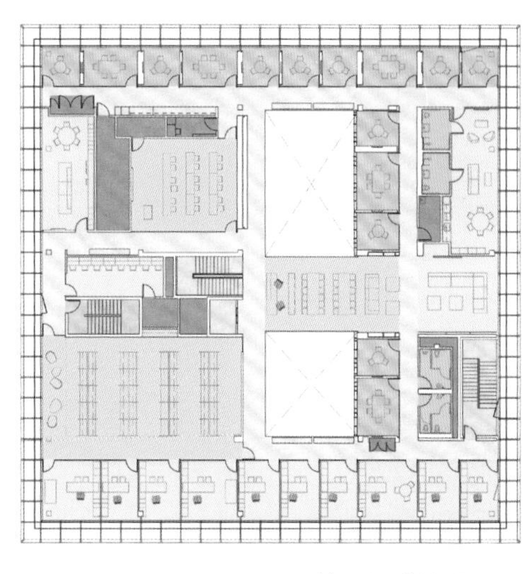

第二层建筑平面图

通过在每一个导师房间墙壁上的喷砂图像，北京奥运会的35种运动图标被巧妙地加以致意。这在提供了私密覆盖层的同时，也允许自然光借其图形轮廓进入走廊。

学术名人堂
1. 全美国
2. 十校联盟
3. 区域 / 地区 / 团队奖
4. 奖项
5. Yellow awards
6. Chi alpha sigma
7. 杰出总教练
8. 优秀教师奖
9. A few Just Did it
10. 毕业优秀运动员之墙

Camp 13
导师房间
爱因斯坦马赛克
哈林顿演讲厅
会议室
Essig盥洗室
尤金 08
道具：捐助者识别

山德斯图书馆
学生运动员休息室
新生大厅
导师房间
教室
导师休息室
助教
计算机实验室
图形实验室
教学实验室
放映室
科技中心

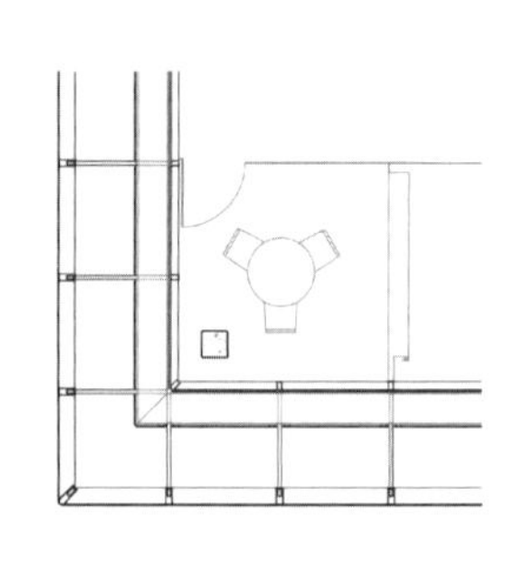

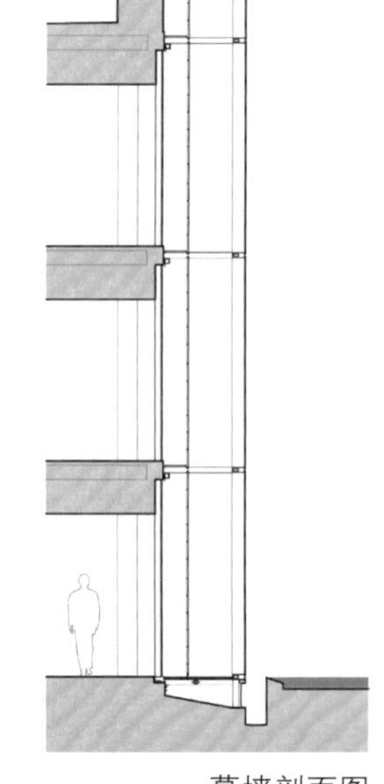

幕墙剖面图

schmidt hammer lassen architects

威斯敏斯特城市学院新楼

威斯敏斯特 伦敦 英国　　照片提供：schmidt hammer lassen architects

由schmidt hammer lassen 建筑师事务所设计的威斯敏斯特城市学院新楼堪称旗舰校园，其设计宗旨是为了支持新的教学方式。占地24 000平方米，具有比典型的英国式学院大得多的开放教育空间，并为师生配备了最先进的各项设施。建筑设计迎合互动性和多样化的需求，可以让学生在其间进行正式或非正式的互相学习。

学生们的发展会受到他们身在其中的多样化建筑空间的支持，因此，除了整合技术，威斯敏斯特城市学院的学习空间灵活机动，是一种鼓励教学新方式的设计。学院位于伦敦市中心帕丁顿-格林（Paddington Green），以前的老楼，是1960年代修建的低效落后的大楼。而新的建筑，从内到外考虑到学院中不同使用者的多样化需求，同时也注意到当地环境的敏感性。该建筑外表摩登而且轮廓鲜明，具有明显的斯堪地纳维亚建筑风格，以简单的几何形式围绕着一个带阶梯的中庭，创造出一个统一而又灵活的有机体。

每一个楼层的建筑平面规划都环绕着中庭，从一个楼层到另一个楼层形成了视觉连贯性，使中庭成为动态中心和学院的核心。巨大的中庭，从某些楼层一直扩展到了幕墙，增强了内外的交互关系。中庭提供了明亮、开放和包容的空间，鼓励学生之间的互动。

为了与当地社区保持良好的通达性，大部分公共功能区——包括展览区、剧场和咖啡馆——都紧靠着主要入口，在安全旋杆的前面。建筑色彩选择的灵感来自于其环境和四季的变化，内部衬里的轻质木材面板与裸露的混凝土表面所形成的强烈对比，体现了斯堪地纳维亚的设计传统。

该建筑的设计是可持续和高效节能的，其总体方案有低维修责任的倾向，大大降低了建筑的使用期成本和碳足迹。大学校长基思·科威尔（Keith Cowell）说："我们要以开放和包容的气氛创造一个新的校园—— 一个符合我们不同群体的学生需求的空间。我们对成果很高兴，而且很骄傲能够欢迎人们来到这样一个激励人心的当代学习环境之中。"

在2011年1月10日对学生开放的威斯敏斯特城市学院新楼是schmidt hammer lassen 建筑师事务所在英国的第一个完工建筑项目，之后迅速跟随完工的是设菲尔德（Sheffield）的学习地带——图书馆和学习中心（The Learning Zone – Library and Learning Centre）和苏格兰的阿伯丁大学图书馆，两者也都在2011年完工。

建筑方：
schmidt hammer lassen architects
工程师：
Buro Happold，United Kingdom
景观建筑：
schmidt hammer lassen architects
主承包人：
McLaren Construction Ltd
其他顾问：
Knight Frank LLP
Stace LLP
业主：
City of Westminster College
面积：
258,000平方英尺（24,000平方米）

CITY OF WESTMINSTER COLLEGE

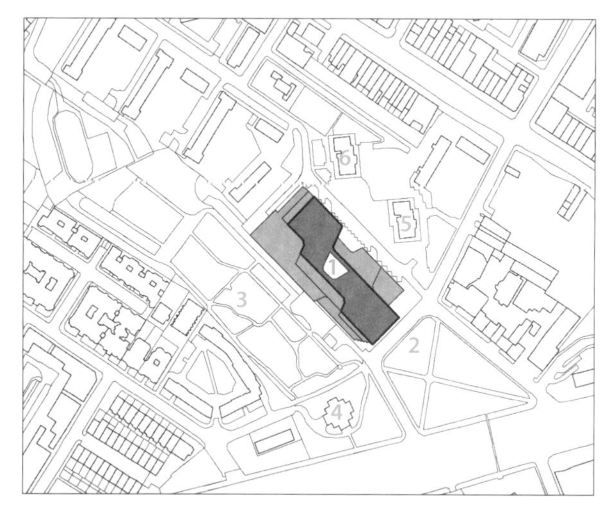

位置平面图

1. 威斯敏斯特城市学院
2. 帕丁顿-格林（PADDINGTON GREEN）
3. 圣玛丽・花园花园
4. 圣玛丽・花园教堂
5. 哈雷塔
6. 布雷斯韦特塔

该建筑以简单的几何形式围绕着一个带阶梯的中庭，创造出一个统一而又灵活的有机体。

南立面

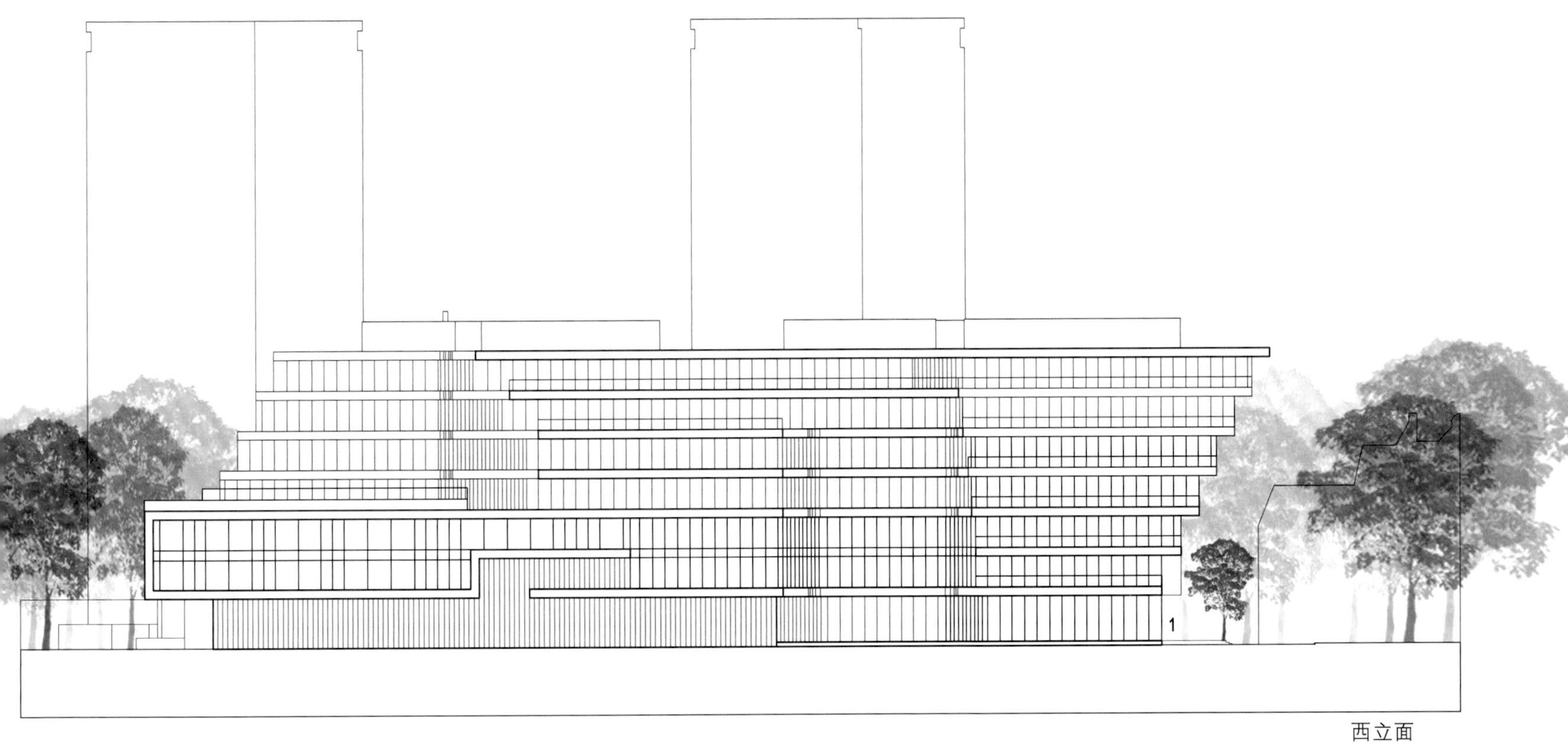

西立面

第一层

1. 主大门
2. 门厅
3. 咖啡厅和展览馆
4. 展览馆/信息中心
5. 卫生间
6. 楼梯
7. 电梯
8. 信息中心
9. 剧院
10. 更衣室
11. 电气车间
12. 家具和木工车间
13. 喷漆与装饰车间
14. 中央盘梯
15. 综合工程车间
16. 电气安装
17. 管道安装
18. 瓦工车间
19. 开放式学习
20. 机动车辆车间

建筑色彩选择的灵感来自于其环境和四季的变化，内部衬里的轻质木材面板与裸露的混凝土表面所形成的强烈对比，体现了斯堪地纳维亚的设计传统。

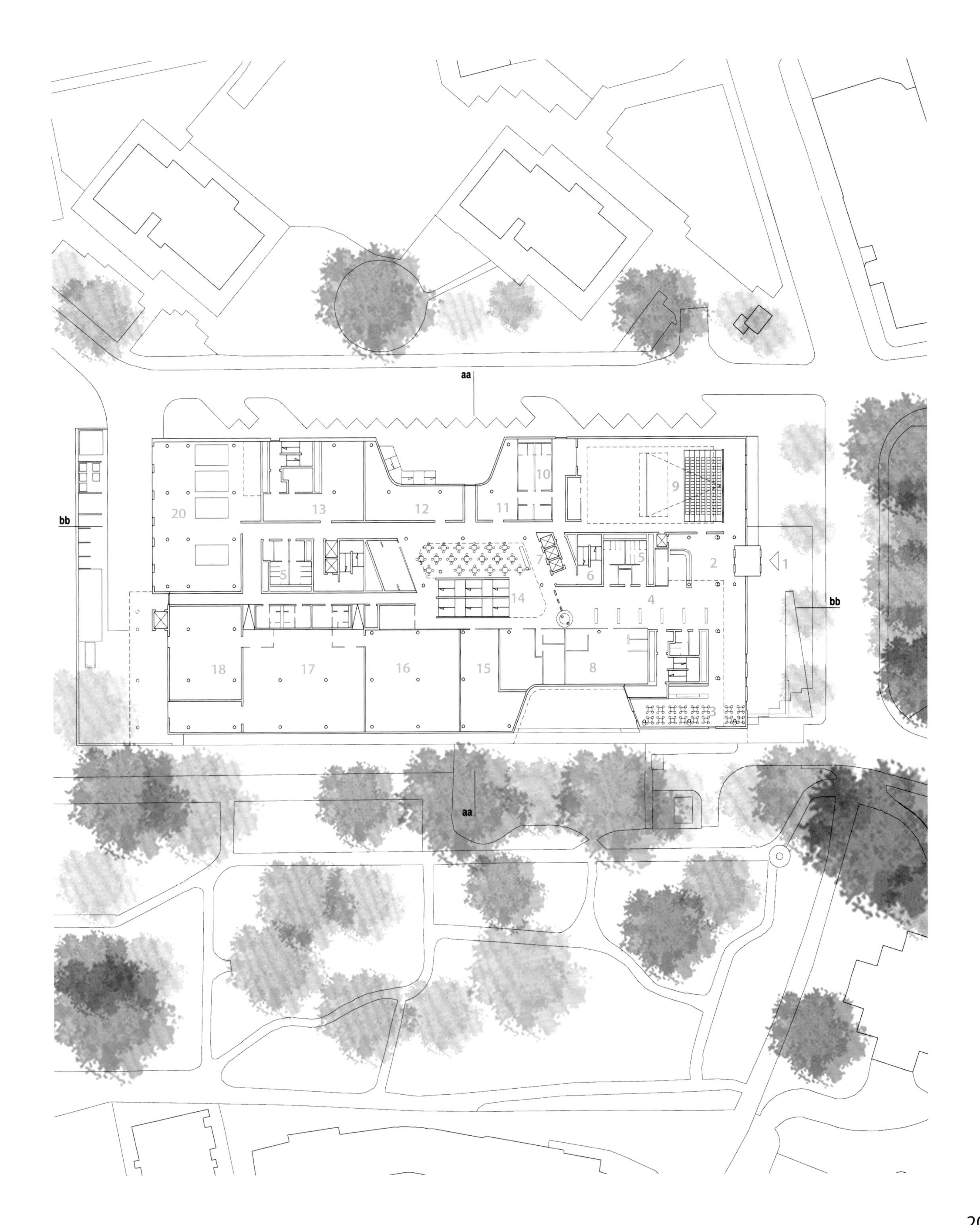
aa
bb
20
13
12
11
10
9
7
5
6
2
1
4
14
18
17
16
15
8
3

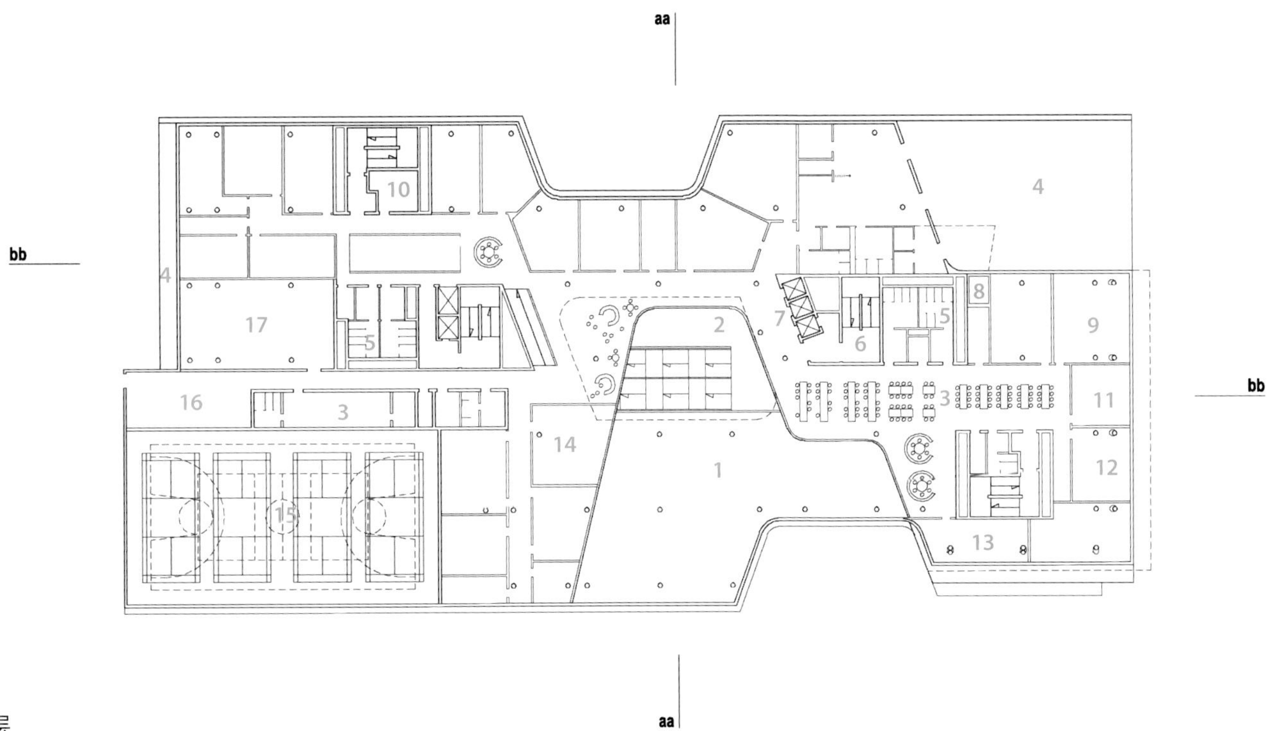

第二层

1. 双高度空间，下面是学习中心
2. 中庭
3. 开放式学习
4. 绿色屋顶
5. 洗手间
6. 楼梯
7. 电梯
8. 隔音室
9. 音响工程
10. 仓库
11. 教室
12. 音乐技术
13. 教研室
14. IT 套间
15. 体育馆
16. 健身房
17. 舞蹈室

第四层

1. 双高度空间，下面是三楼
2. 中庭
3. IT/ 开放式学习
4. 绿色屋顶
5. 洗手间
6. 楼梯
7. 电梯
8. 屋顶平台
9. 专题教室
10. 仓库

截面AA

1. 画廊街
2. 中庭
3. 中央盘梯
4. 开放式学习

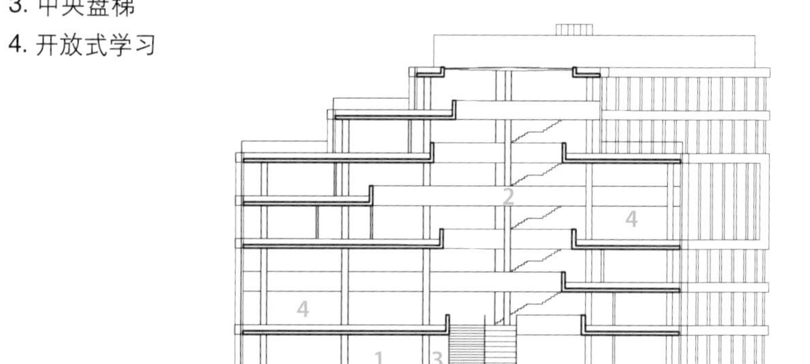

巨大的中庭，从某些楼层一直扩展到了幕墙，增强了内外的交互关系。中庭提供了明亮、开放和包容的空间，鼓励学生之间的互动。

截面BB

1. 画廊街
2. 中庭
3. 机房
4. 机动车辆车间
5. 门厅

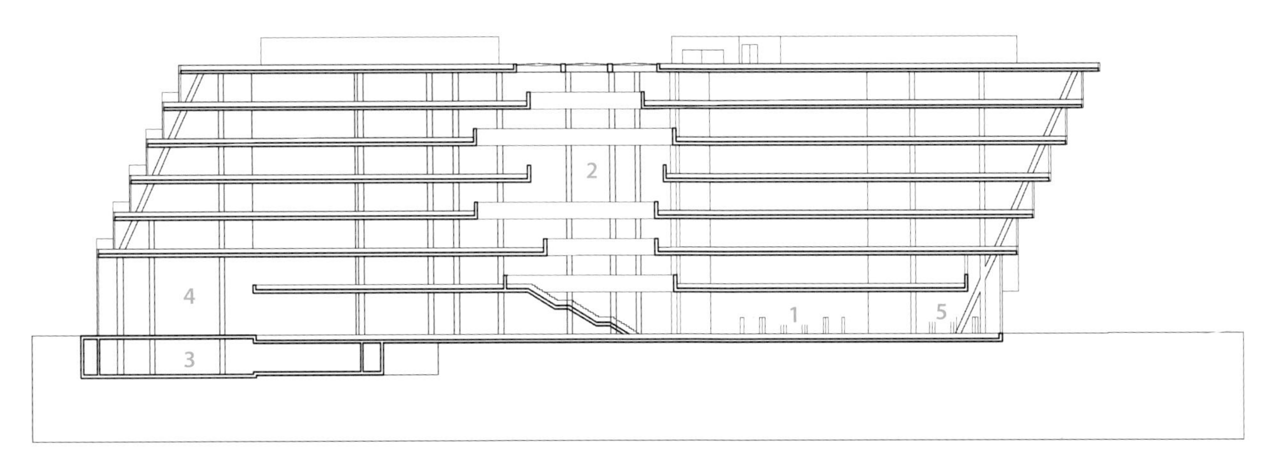

截面细节

1. 活动地板
2. 混凝土竖柱
3. 隔热铝型材
4. 混凝土
5. 人造石面板配件
6. 混凝土板，光面精整
7. 声音吸收片
8. 混凝土柱子
9. 安全玻璃
10. 人造石面板
11. 隔膜
12. 绝缘
13. 内拉窗帘
14. 外部遮光屏，彩色的

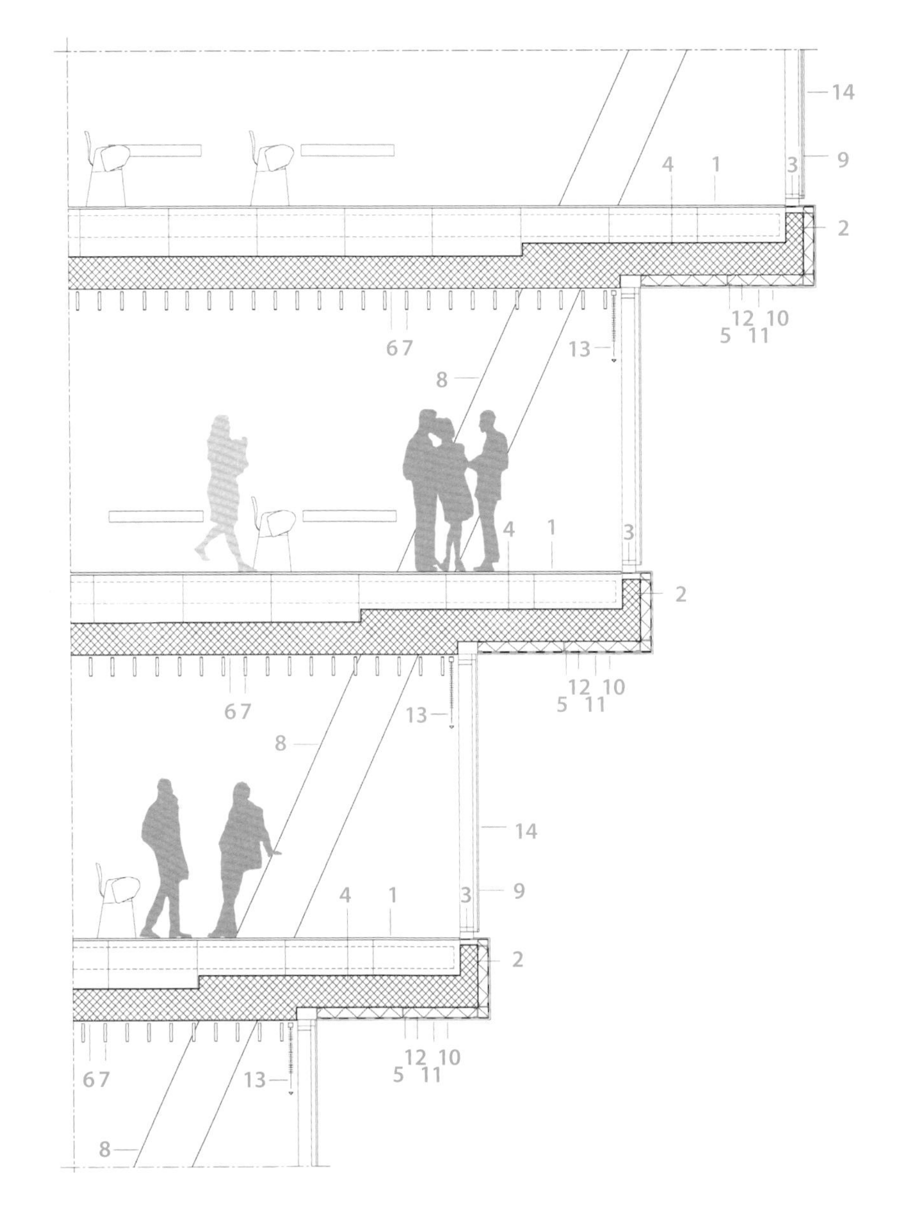

archi5

马塞尔-桑巴高中

索特维尔・莱・鲁昂 法国

照片提供：Sergio Grazia and Thomas Jorion

因为其城市位置和计划的复杂性，马塞尔-桑巴高中（Lycée Marcel Sembat）的翻新和扩建是建筑学和市镇规划二者结合的产物。与森林地带、最近建成的媒体图书馆和公寓楼紧邻，这个地方被一条街道分成两个部分，整个学校有六座从1930年代到1990年代分别建成的不同建筑。

马塞尔-桑巴高中提供关于汽车车身和汽车修理的技术教育。因此，车间需要足够的高度和容量。理论上说，项目应该也要考虑到社交场合：郊区环境、技术培训、汽车。建筑师选择了最大、最亮和最愉悦的建筑作为汽车修理车间。

建筑师设计意图的介入是明确和直截了当的。该方案旨在统一学校，给它一个有力而现代的视觉识别，并与周围环境重新融合，尤其是车间建筑，其柔和的线条与坡度自然地与毗邻的公园的地理特征融为一体。

两座已有的建筑被拆除，以便将所有的工业技术教室和车间安置在同一屋檐下。由于生态屋顶（屋顶花园）具有波浪形起伏的特点，建筑从公园的边界轻轻地融入此地。这次翻新/扩建的主打项目——也就是安置车间的建筑——包括钢板，都像波浪一样，轻轻地拍打着毗邻的公园，流过现有的建筑。

建筑师的目标是让更多的光线进入建筑以及改变公共领域的俯瞰景观。为此，他们在幕墙上使用了半透明的聚碳酸酯和玻璃，并建造了在钢片之间形成光池的天井。

通过新建立的一个公共区域，连接了学校和新图书馆，被道路切断的两个地方重新连接了起来。建筑师选择使用钢铁作为建筑的结构和外立面，作为一种材料，它带来了工业化的共鸣，从而表达了以建筑作为一种工业化手段来实现想法的概念，而高水平的预制配件使波浪形结构、任意的体积和强烈的建筑视觉表达成为可能。

建筑方：
Archi5 with B. Huidobro
建筑与城市规划机构：
archi5prod
工程师：
Egis ouest
经济专家：
SPEC
声音工程：
ABC Décibel
不锈钢结构承包人：
Constructions métalliques Charondière
主承包人：
Millery Colas
业主：
Haute Normandie district
面积：
137,000平方英尺（12,764平方米）

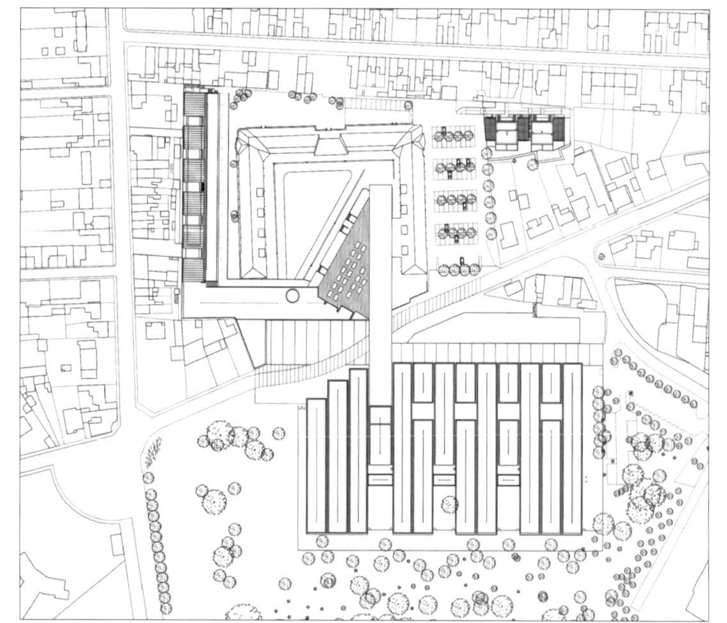

建筑师设计意图的介入是明确和直截了当的。该方案旨在统一学校，给它一个有力而现代的视觉识别，并与周围环境重新融合，尤其是车间建筑，其柔和的线条与坡度自然地与毗邻的公园的地理特征融为一体。

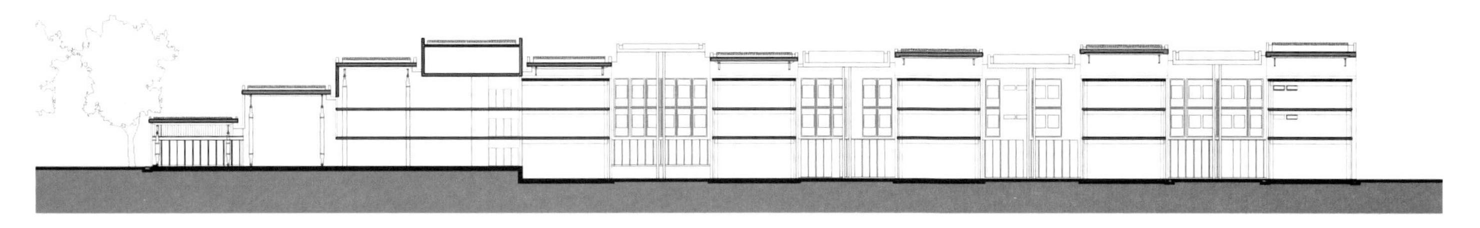

截面1

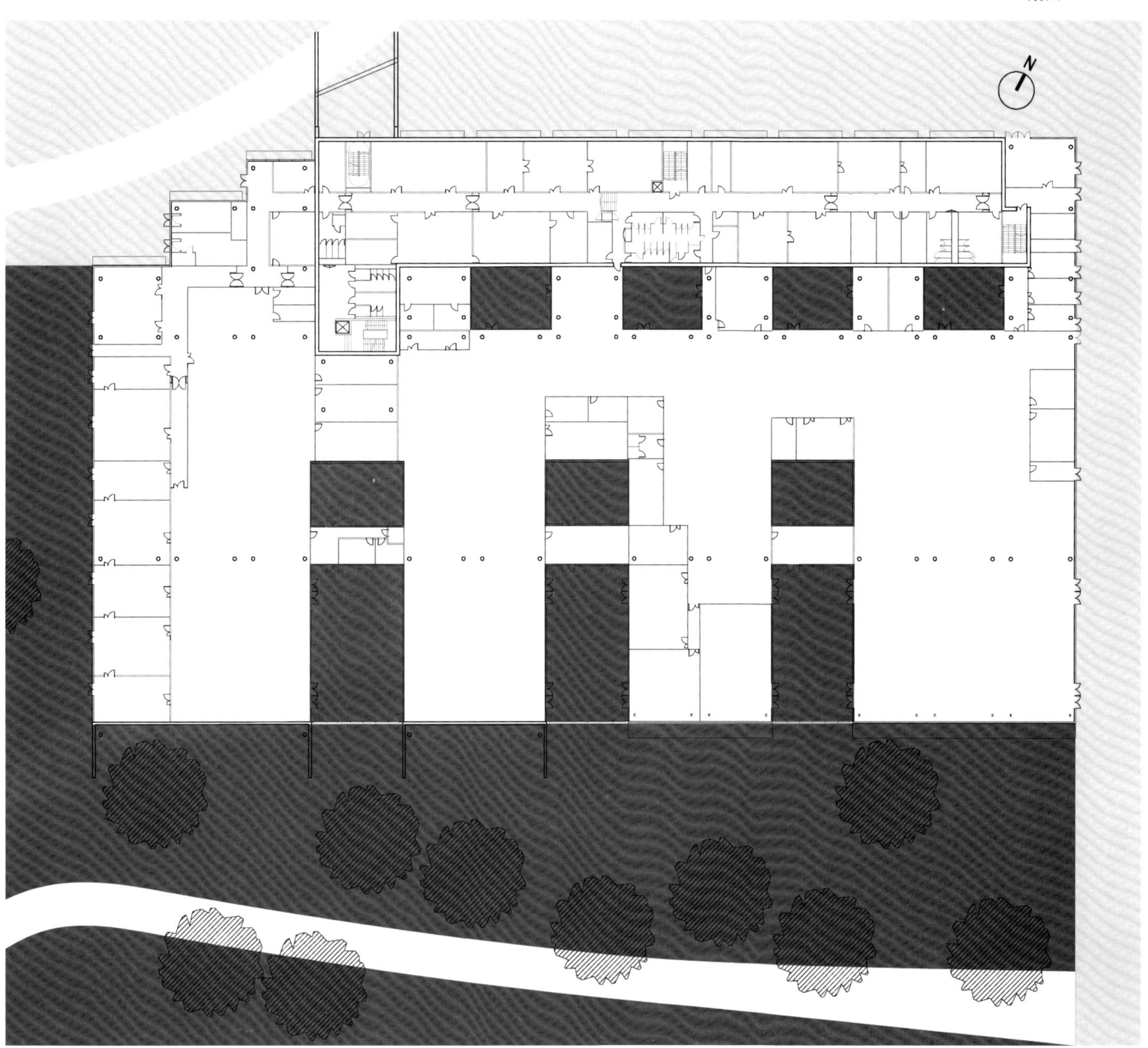

一楼平面图

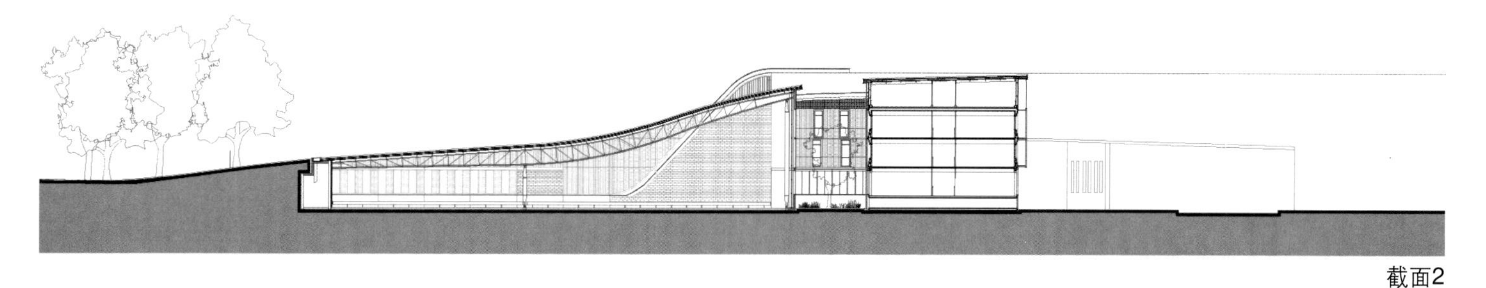

截面2

细节 1: 屋顶和地面相接处

1. GC 类型1
2. 轮轨
3. 耕作层
4. 预制排水沟
5. 镀锌钢支架的光栅
6. 镀锌钢格网板
7. 镀锌钢支撑光栅图
8. 连接到折叠薄片的光栅角支架
9. 镀锌钢片，钻水流量（密封保护植物）
10. 支撑板之间的密封连接，混凝土排水沟
11. 斜角接水容器
12. 150×100毫米的镀锌钢管
13. IPE 240 镀锌钢（每5.40米）
14. 锚交叉梁的混凝土层
15. 150毫米的一层表土
16. 有20毫米自保抗根层的防水层
17. 半刚性保温屋顶（100毫米）
18. 镀锌钢容器
19. 镀锌钢 IPE 270
20. 格构梁与 HEB 160 远光灯
21. 混凝土层
22. PRS 基底
23. “带” 与 “带” 之间的镀锌水槽
24. 被混凝土层之上的IPE 240悬臂支撑的屋檐
25. IPE 240 镀锌钢悬
26. HEA 120镀锌钢

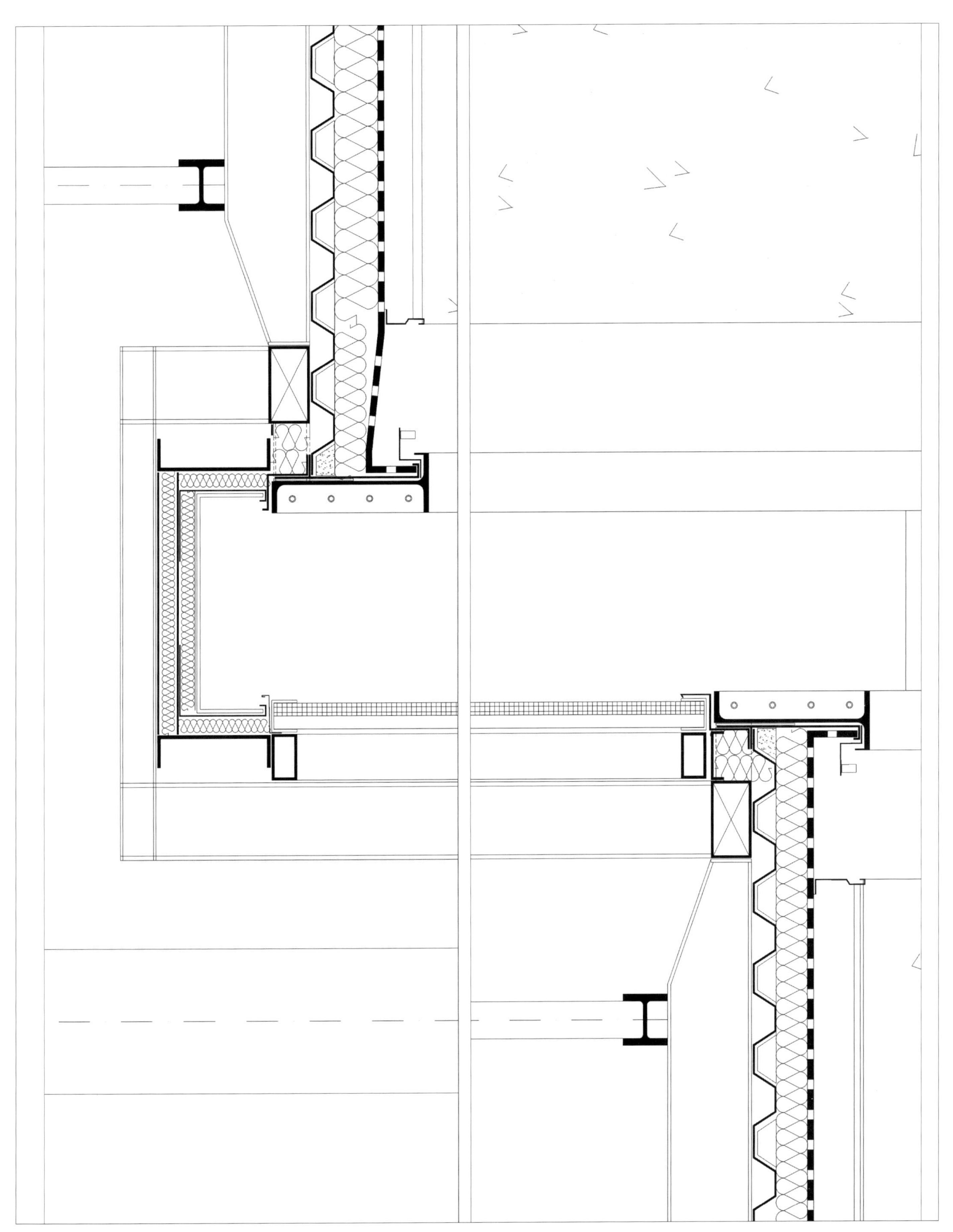

细节2：两个屋顶之间的排水沟

由于生态屋顶（屋顶花园）具有波浪形起伏的特点，建筑从公园的边界轻轻地融入此地。这次翻新/扩建的主打项目——也就是安置车间的建筑——包括钢板，都像波浪一样，轻轻地拍打着毗邻的公园，流过现有的建筑。

Cannon Design

美国加利福尼亚大学，圣地亚哥分校，普莱斯中心东馆

拉霍亚 加利福尼亚 美国

照片提供：Timmothy Hursley Photography

建筑方：
Cannon Design

加利福尼亚大学圣地亚哥分校的普莱斯（Price）学生中心，最初是一座布局〝内向〞的建筑。该楼的U型建筑平面图面向着内部的中央庭院，三面相接。这一独特的建筑结构营造出强烈的聚集感，成为一个集餐饮、社交和活动于一身的建筑综合体。随着学校的发展，普莱斯中心的扩建已成为必然。为此，建筑师提供了〝外向型〞的高渗透性的扩建方案，增加扩建部分的入口，并借助广场和大型楼梯连接楼体，创造优美的环境及丰富的步行体验。规划和设计过程由一个校长指定的建筑咨询委员会引导，该委员会由学生、工作人员/管理人员以及师资和设备方面的专业人士组成。从最初的设计阶段一直到施工阶段，程序、成本、规划和设计的重大决策都由该委员会负责。

根据UCSD（加州大学圣地亚哥分校）总体规划的目标和学生中心的设计准则，新大楼的建筑特征及其多点入口是为了促进学生中心的周边环境转变成一个〝市镇中心〞：具有鲜明的都市性、充满活力、有人群密集的步行区域，成为各种活动的轴心和校园的心脏。为了支持大学要获得一个相当于绿色建筑评级的目标，该项目集结了一些可持续的设计元素。

普莱斯中心东馆有一个延伸的书店，提供额外的空间用于零售、食品经销和各种学生组织，同时加强链接了所有的校园组件的主要行人流通路径。针对该地点的缓坡，扩建部分有两个〝一楼〞，和最初的普莱斯中心一样。

上面两层包含行政区、学生组织和领导的空间。三三两两的组织机构围绕着公共休闲空间以促进社交互动。各类学生社团由一个新的一站式中心组织起来——这是一个开放领域，学生们只要访问一次就可以得到他们所需要的援助。

乘车往返的学生的需求也被考虑到了。一个通勤休息厅坐落在毗邻校园短程巴士站的一楼，还有一个计算机实验室和若干自修室。这些空间的并置连接了社会的和学院的经验，提高了全体学生参与校园生活的各项机率。

THE LOFT
WHERE ART
POP CULTURE

NO PARKING
NO PARKING

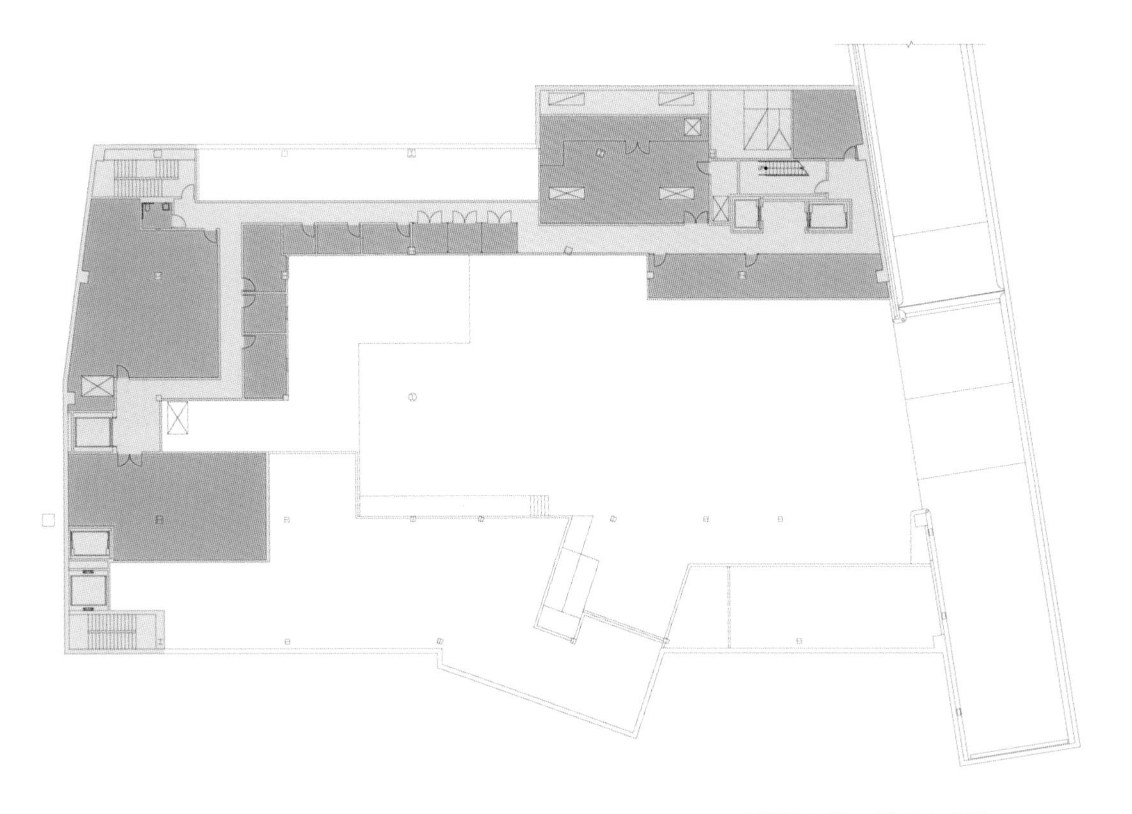

建筑平面图 – 地下室夹层

大楼支撑
通行与各项服务

N

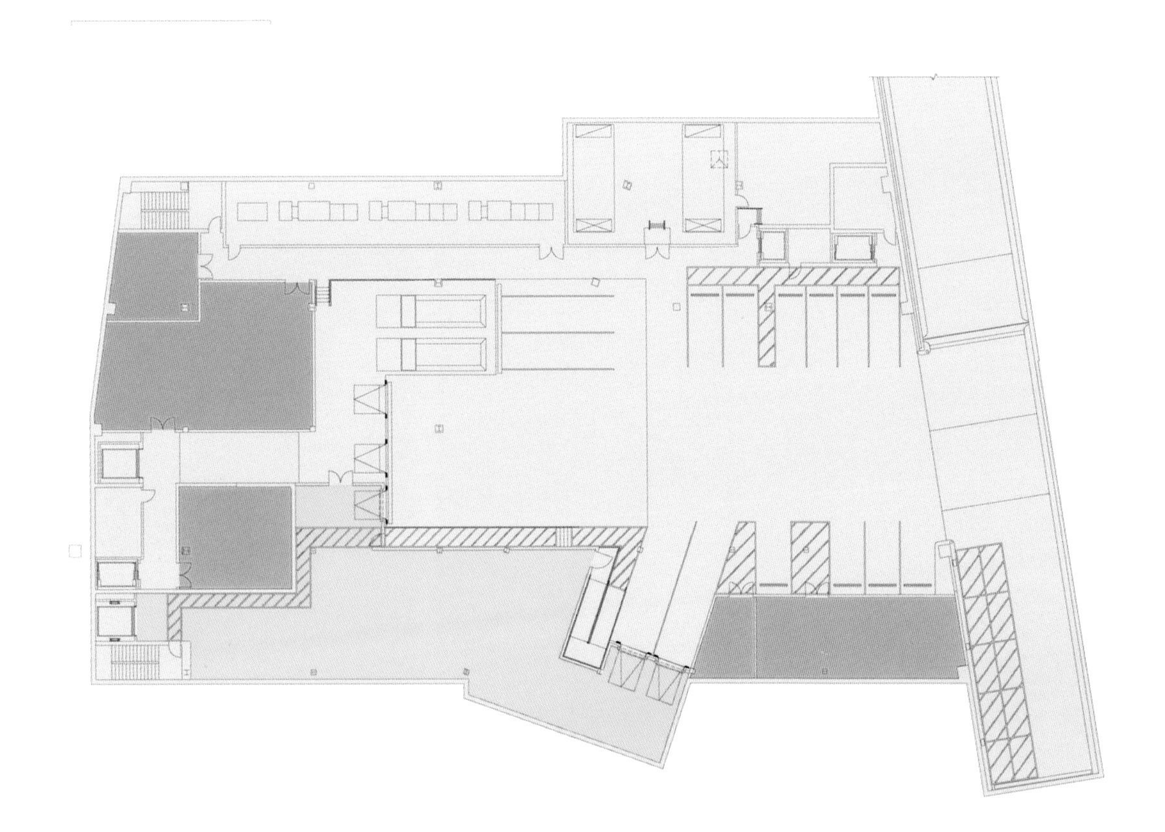

建筑平面图 – 地下室

书店
大楼支撑
通行与各项服务

N

0' 20' 50' 100'

大楼围绕着内部中庭而建，视觉上将休息厅、食堂、各种零售活动区、学生组织空间、校友与跨文化中心及会议室连接了起来。

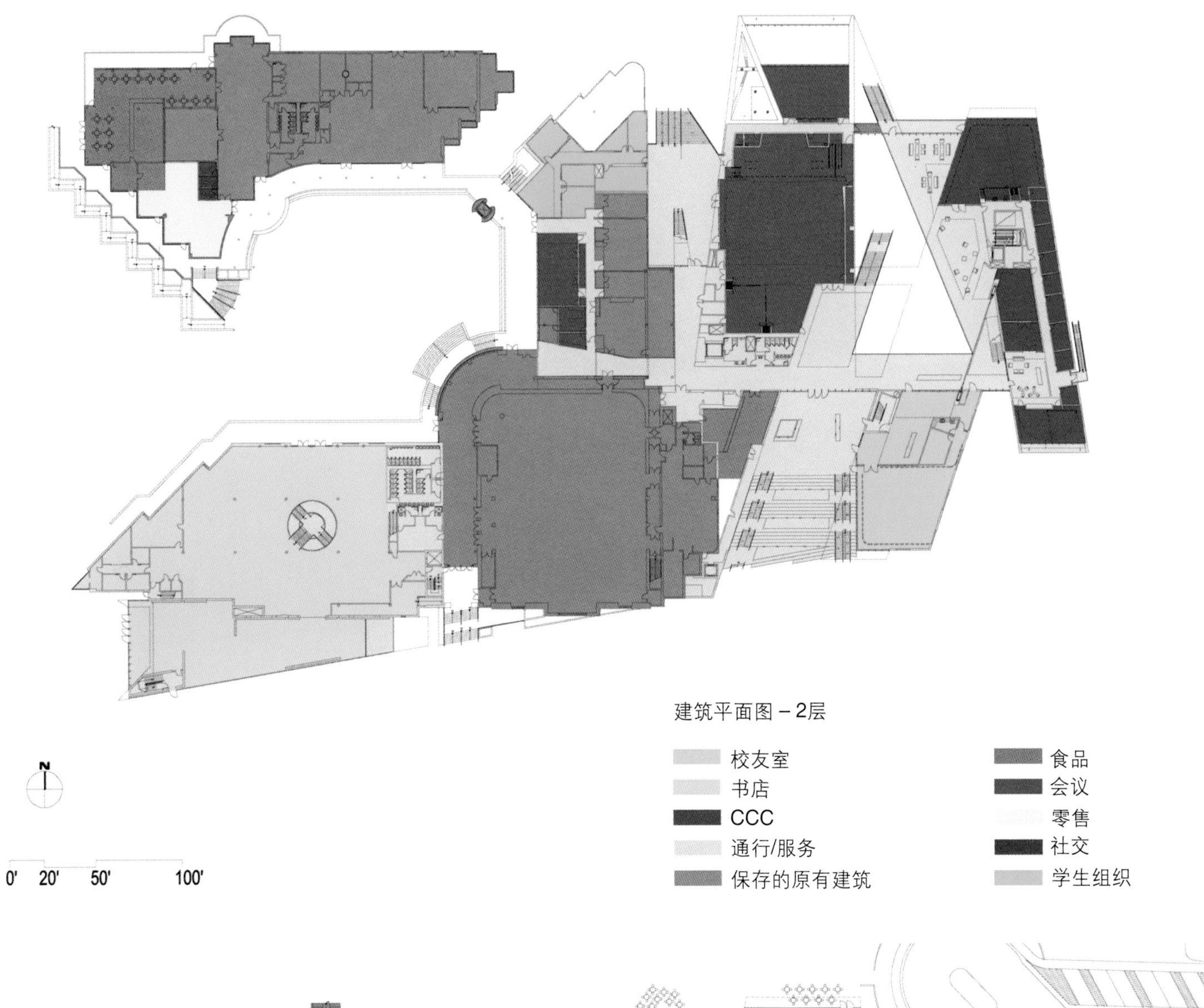
建筑平面图－2层
校友室
书店
CCC
通行/服务
保存的原有建筑
食品
会议
零售
社交
学生组织
N
0'
20'
50'
100'

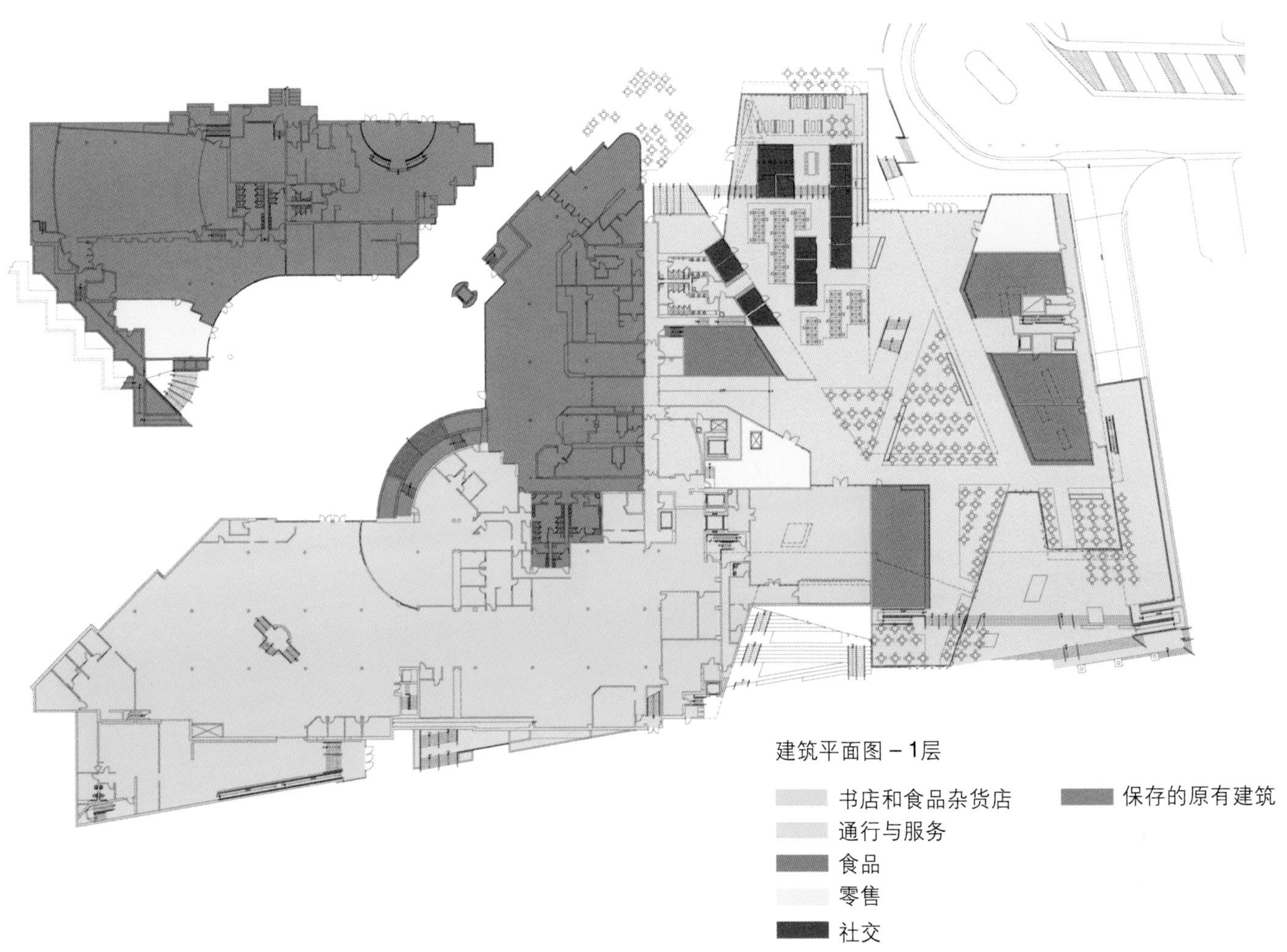
建筑平面图－1层
书店和食品杂货店
通行与服务
食品
零售
社交
保存的原有建筑

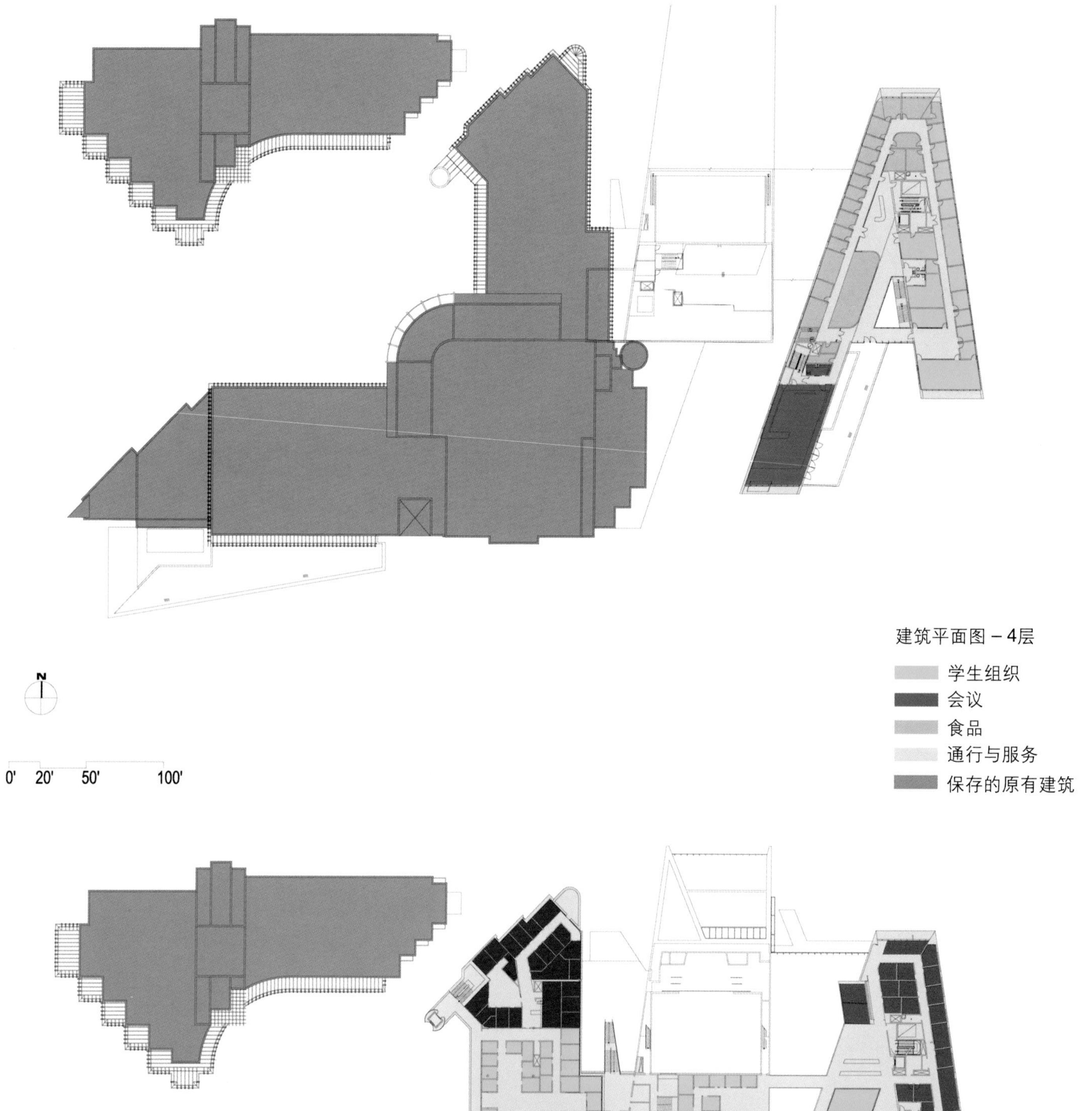

建筑平面图－4层

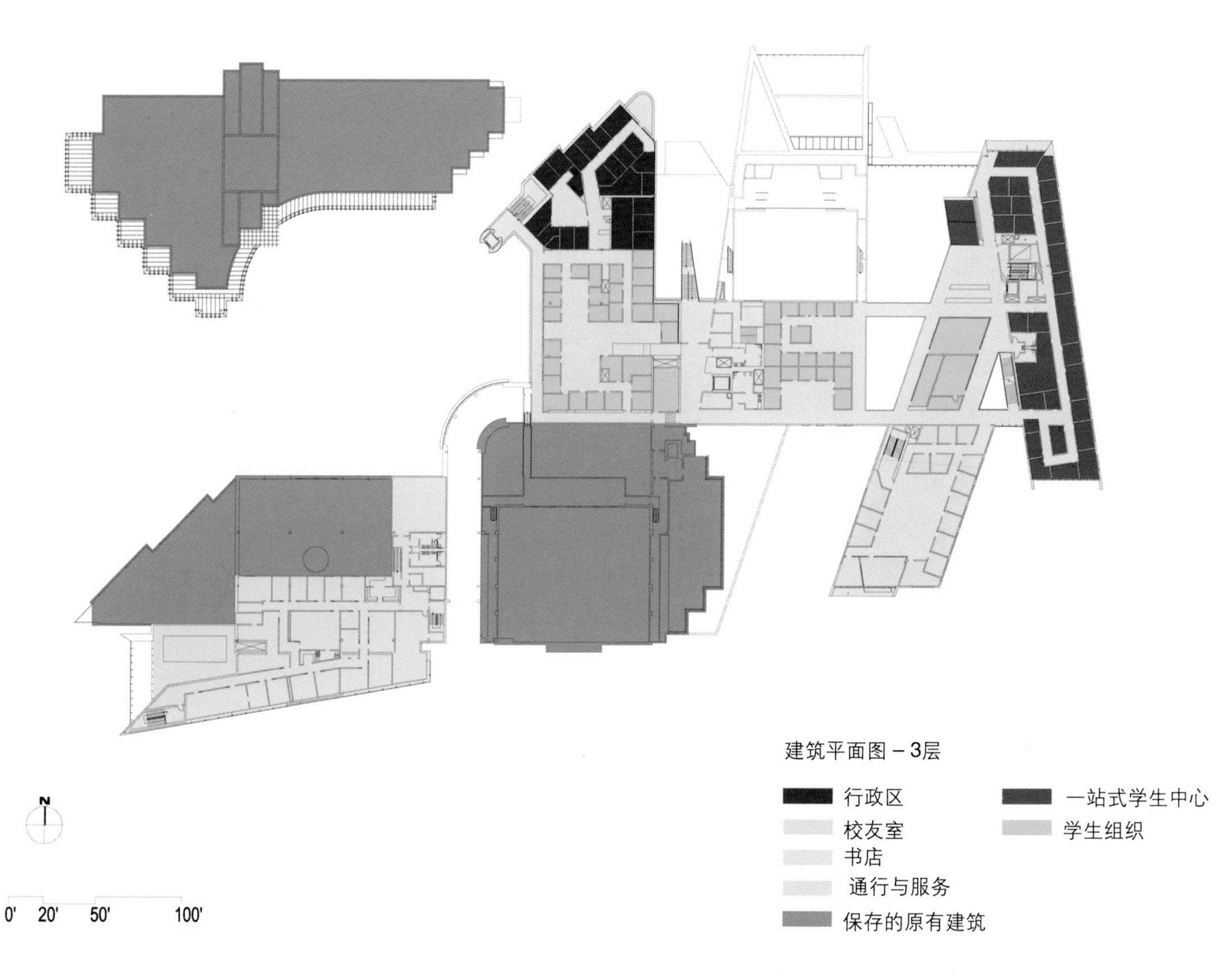

建筑平面图－3层

one stop

ANOTHER GAME
ANOTHER JOB
ANOTHER IDEA
ANOTHER SWEATER
ANOTHER TIME
ANOTHER DREAM
edna info

GROUP STUDY
4

west

Arhitektura Krusec

卢布尔雅那大学，生物技术学院

卢布尔雅那 斯洛文尼亚

照片提供：Arhitektura Krusec

由斯洛文尼亚的Arhitektura Krusec公司所设计的这一建筑，修建在一个点缀着一系列大学馆的大片面积之内。这是对现有的学院综合大楼的功能和概念的一种延续，它替代两座被夷平建筑中的一座，连同现有建筑一起形成了生物技术学院的综合大楼建筑体。

在总体规划方案中，新的建筑“穿透”现有的建筑。

新建筑的所有交流通道连接到旧建筑的走廊。新楼的正门从西面进入，而旧大楼在入口处创建了一个带长条凳的大平台，从功能和感知上将两个混乱的入口统一成一个整体。

与旧大楼的联系也能透过幕墙设计被看到，它重启了旧大楼的结构方案。幕墙动态地反映了内部的功能布局和建筑的结构。出现在外立面的钢筋混凝土的墙和柱作为原始的混凝土元素，使幕墙的结构产生节奏感。

新建筑被分为三个主要的部分：公共区，围绕着双重高度的入口门厅；半公共区，包括实验室和教学室；私密区，用作管理和行政办公室。

当组织扩建布局时，旧大楼走廊的有机化主题的延续得到了特别的重视。因此新旧大楼走廊的交界处是对两座大楼进行建筑规划的关键。在该连接口，添加了垂直交流通道——连接新楼所有三个楼层的透明楼梯。楼梯的旁边是双重高度的入口大厅，坐落在两个建筑相接处，并直接通往外部入口平台。它被设计成一个完全透明的空间，让进入建筑的游客与另一边的草地进行视觉接触。所有主要元素，比如通往演讲厅的门道、图书馆，以及主要楼梯和旧走廊都与这个主要空间相连接。

图书馆作为“知识的圣殿”，象征性地坐落在正门之上的高耸位置，并且被安排在两个楼层，环绕着双重高度的门厅空间和楼梯。引导人们进入主要演讲大厅的，是一个戏剧性下降式入口，与外立面相配合，当你进入这个空间时，走廊里的自然光线会逐渐减弱。

建筑方：
Lena Krušec，Tomaz Krušec，Vid Kurincic

项目团队：
Vanja Milosavljevic，Jan Šavli，Domen Fucka，Tina Mikulic，Jurij Nemec，Nina Polajnar，Miha Prosen

业主：
University of Ljubljana Biotechnical Faculty

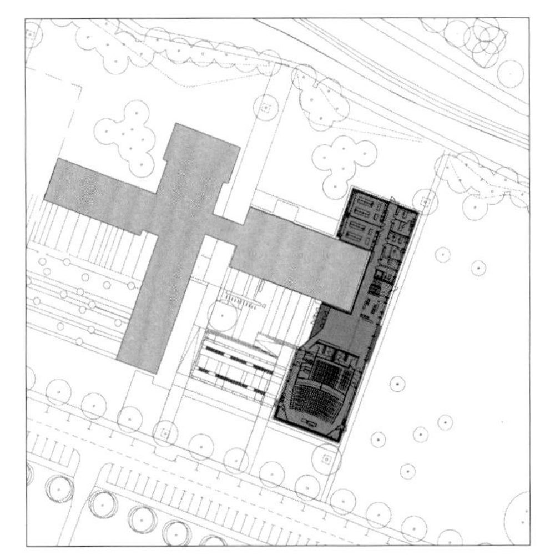

BIOTEHNIŠKA FAKULTETA

BIOTEHNIŠKA FAKULTETA

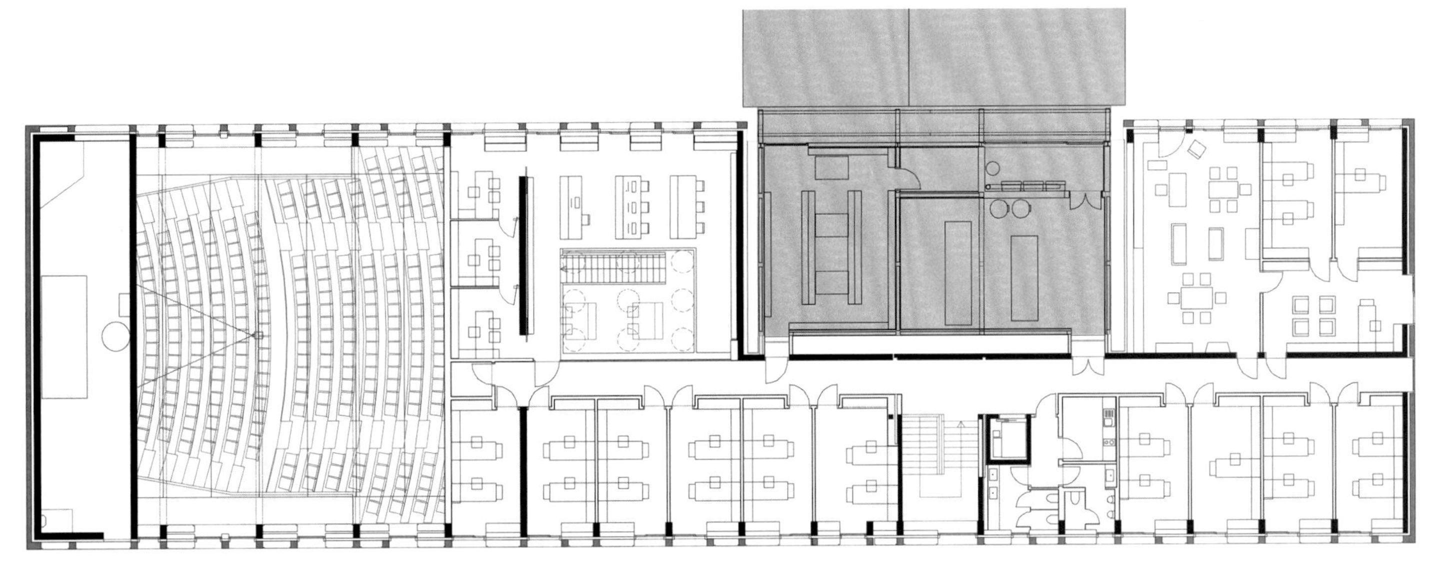

第三层建筑平面图

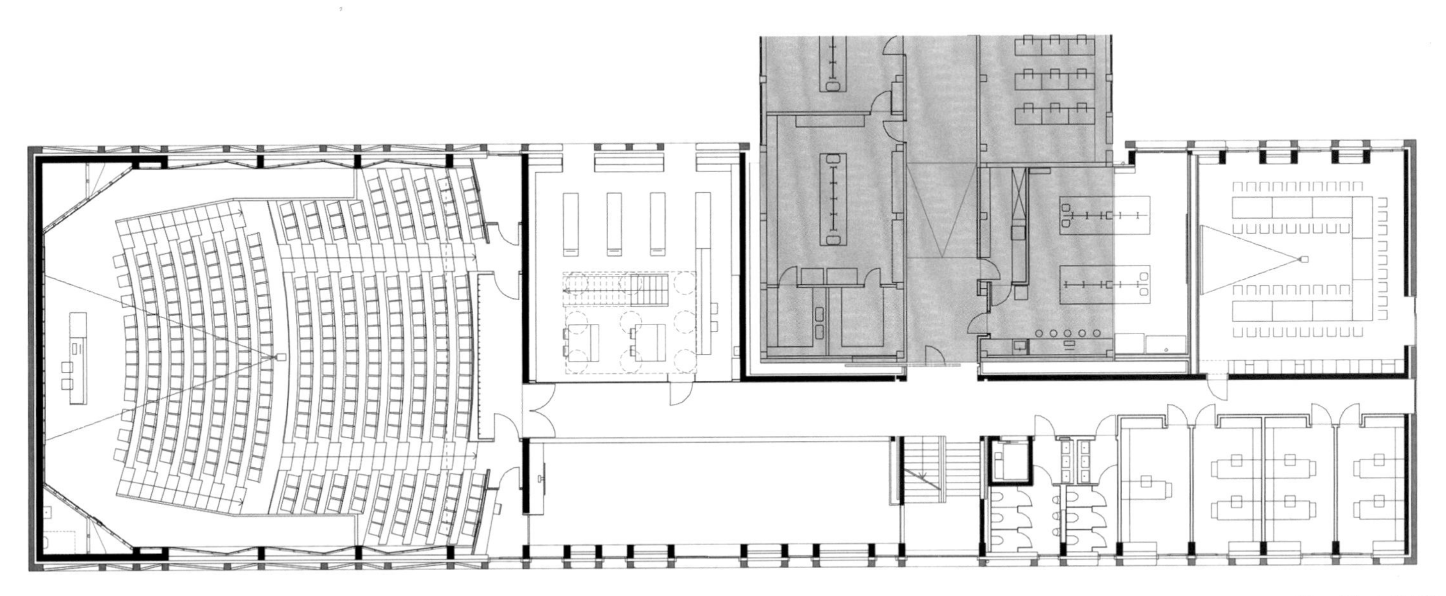

第二层建筑平面图

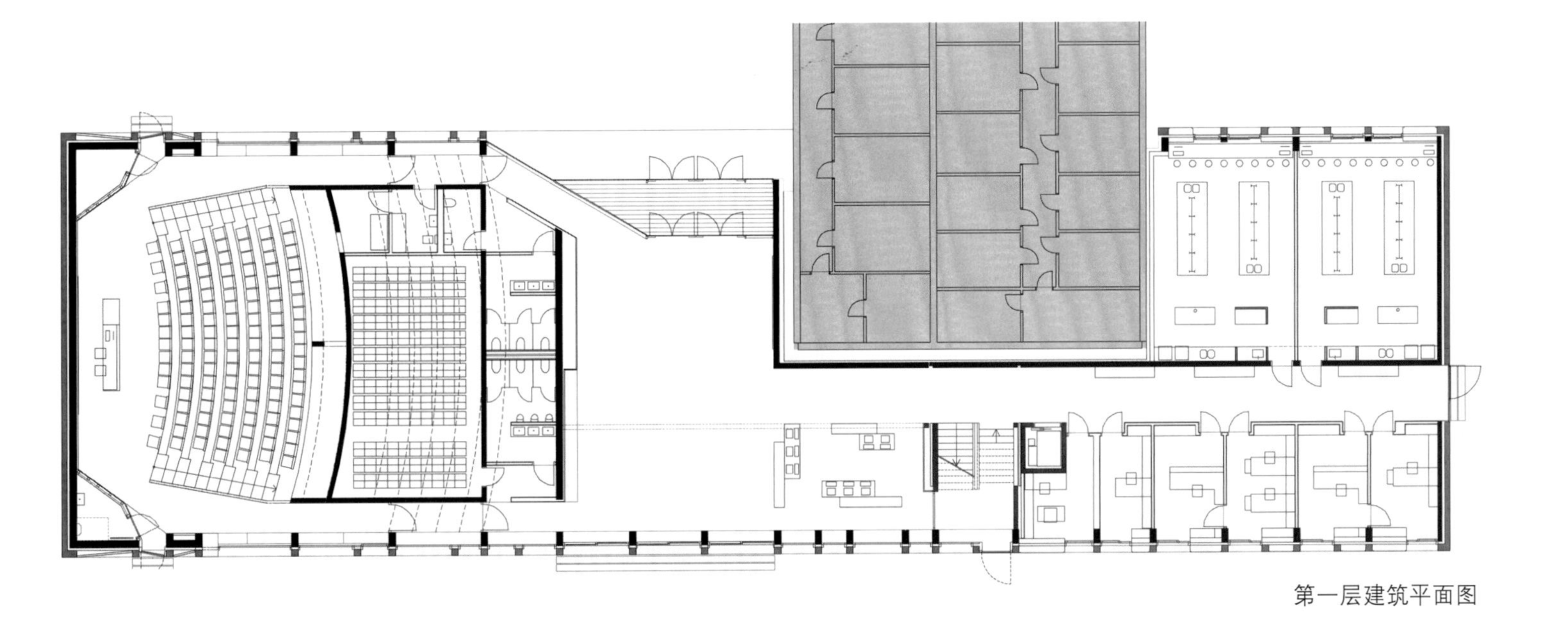

第一层建筑平面图

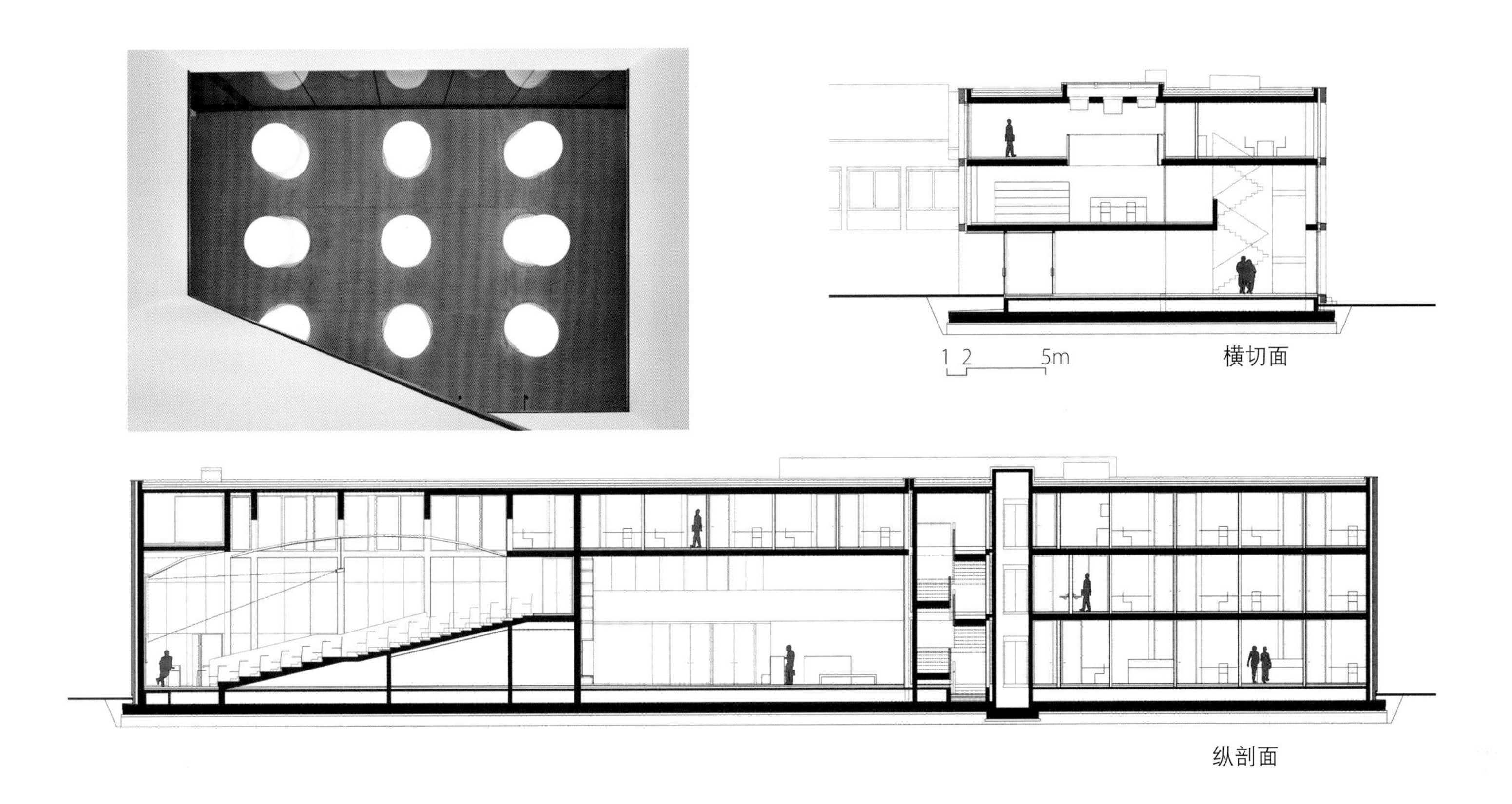

横切面

纵剖面

109 Architectes & Youssef Tohme

圣约瑟夫大学，创新体育学院

贝鲁特 黎巴嫩

照片提供：109 Architectes

这座以改革与运动为设计主旨的约瑟夫大学体育学院新建筑位于黎巴嫩首都贝鲁特，是一项对建筑物的复杂背景进行丰富而多层次阅读的成果，建筑师试图将它融入城市文脉，希望新校园被统一到周边充满历史和文化氛围的城市环境中去。校园的规划被分拆成"创造一个包含六个建筑形体的综合大楼"这样的规模和比例，使它们与周围城市的纹理有所关联。该大楼在一个阿拉伯城市中重塑了一个典型的都市街区的景观。它配置了一个内部庭院，作为综合大楼的核心，庭院被遮蔽在建筑的阴影之下，一个双重目的的反射池既能减弱当地气温的影响又能提高湿度，新鲜空气通过建筑物之间的狭小缝隙而流动。这座建筑从一个城市街区中被雕刻出来，中心的空间自然地创造了一个集会空间，这个街头的集会空间通过一个巨大的楼梯自由地流向这座主要教学楼的顶楼，最终在楼梯尽头的景观平台俯瞰全城。

光，是东方建筑中不可或缺的元素，它塑造了建筑物的风格和身份。该设计团队从传统建筑中汲取灵感，探究这一元素所能拓展的潜力，创造了一个由光与影的强烈对比去制造动画效果的内部空间。在面对城市的主要立面，体育学院的大型聚碳酸酯立面与传统的伊斯兰木格遮阳屏（mashrabiya）风格的外墙并列，其间是三所垂直排列的体积较小的房子，设置了学院的辅助设施、演讲厅、各类会议室及办公室行政空间。朝向庭院的立面具有另一种不同特征，大规模现场彩色混凝土墙，其粗糙的纹理和水平施工缝的夯土墙使人想起了黎巴嫩传统建筑。墙上布满了孔，孔的开口都很小，随意地穿过墙面分布在幕墙上，其风格像是黎巴嫩战争给这个城市的建筑物所留下的创伤，这是对毁灭和暴力的现实世界所做的诗意提醒。

建筑方：
109 Architectes in collaboration with Youssef Tohme
设计团队：
Ibrahim Berberi，Nada Assaf，Rani Boustani，Etienne Nassar，Emile Khayat，Naja Chidiac，Richard Kassab
业主：
Université Saint-joseph (USJ)
结构顾问：
B.E.T. Rodolphe Mattar
机械顾问：
Ibrahim Mounayar
电气顾问：
Georges Chamoun
监理机构：
Apave

概念上说，这座建筑从一个城市街区中被雕刻出来，校园的中空空间界定了六个自治楼体并创造了横跨贝鲁特的景色，将学生与他们所生活的动态背景连接了起来。

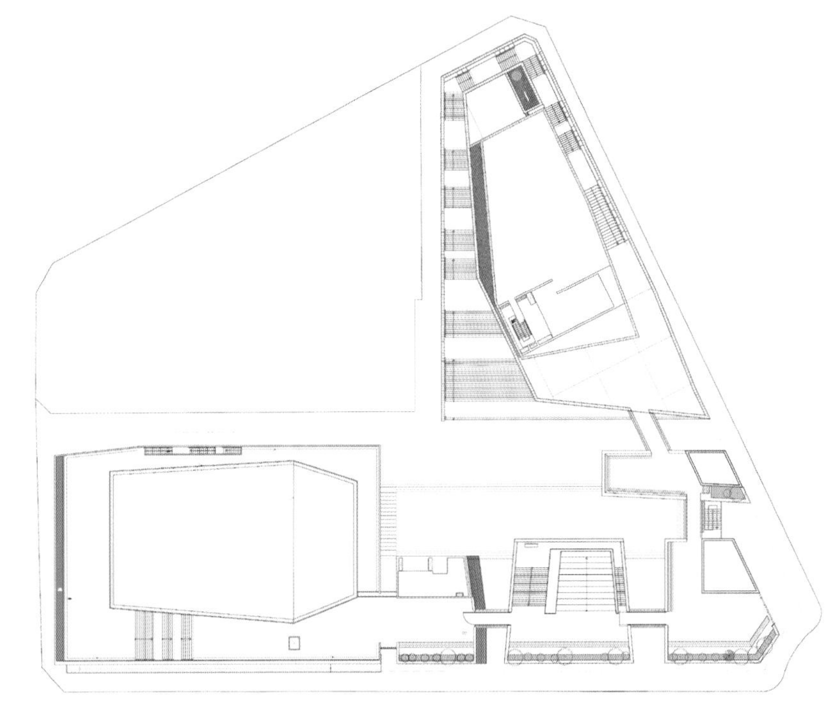

位置图

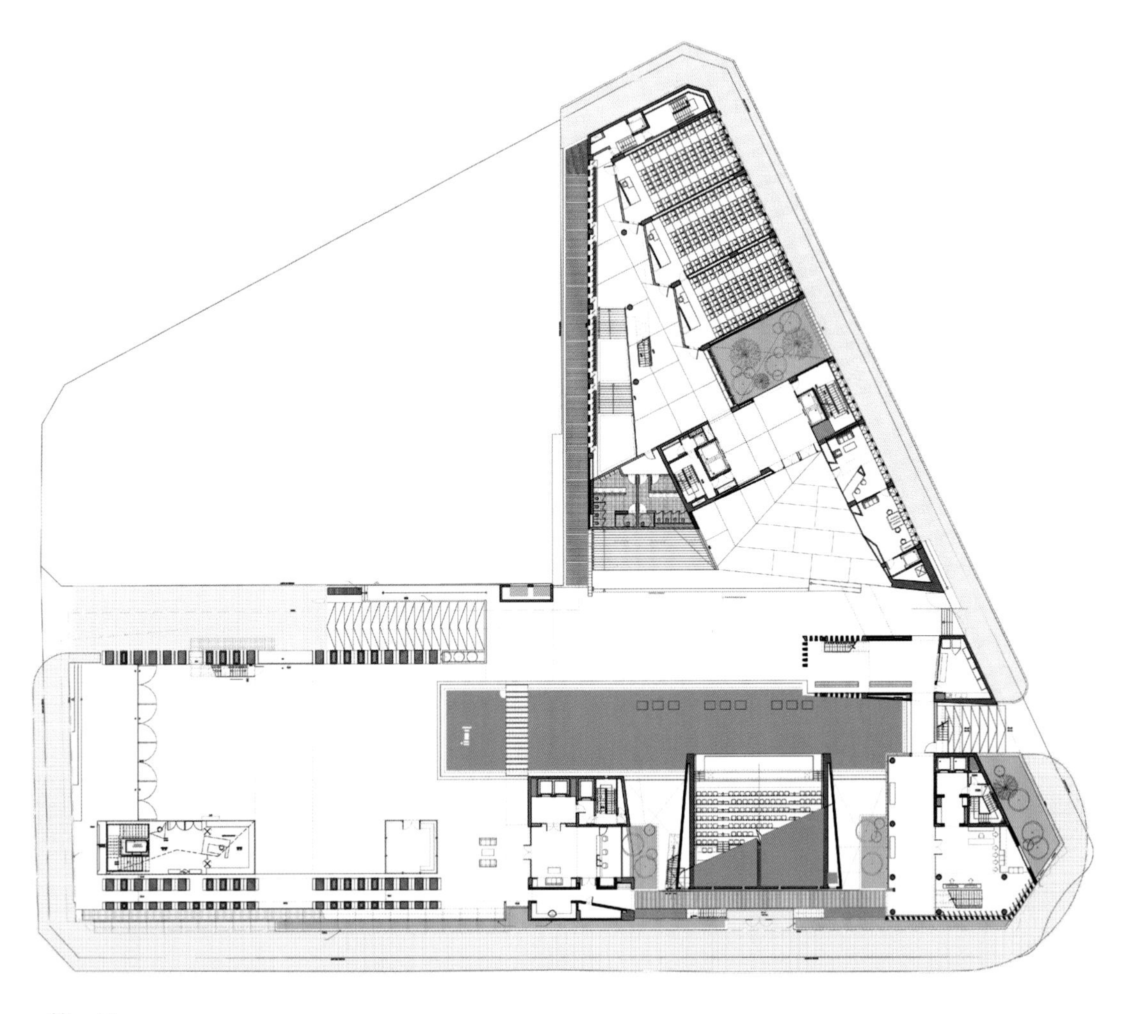

第一层

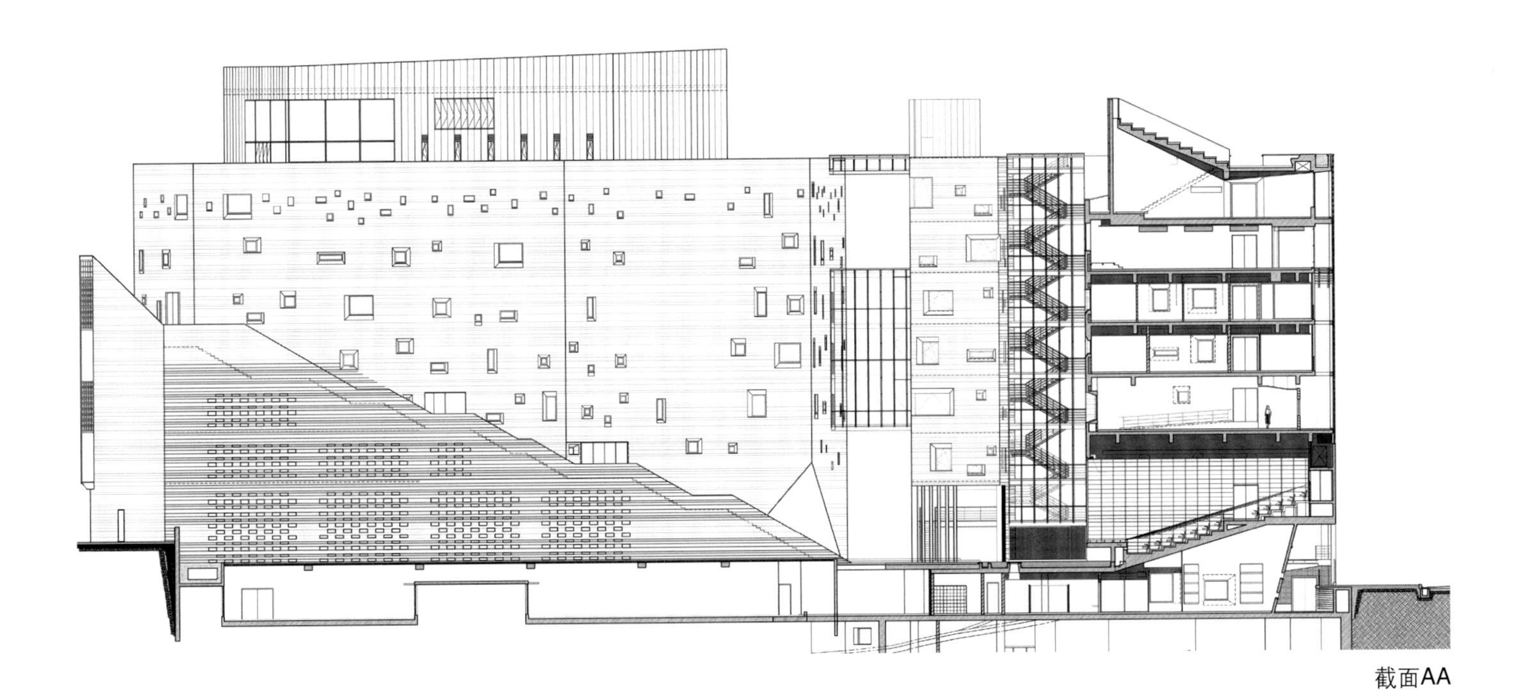

截面AA

墙上的孔开口都很小，随意地穿过墙面分布在幕墙上，其风格像是黎巴嫩战争给这个城市的建筑物所留下的创伤，这是对毁灭和暴力的现实世界所做的诗意提醒。

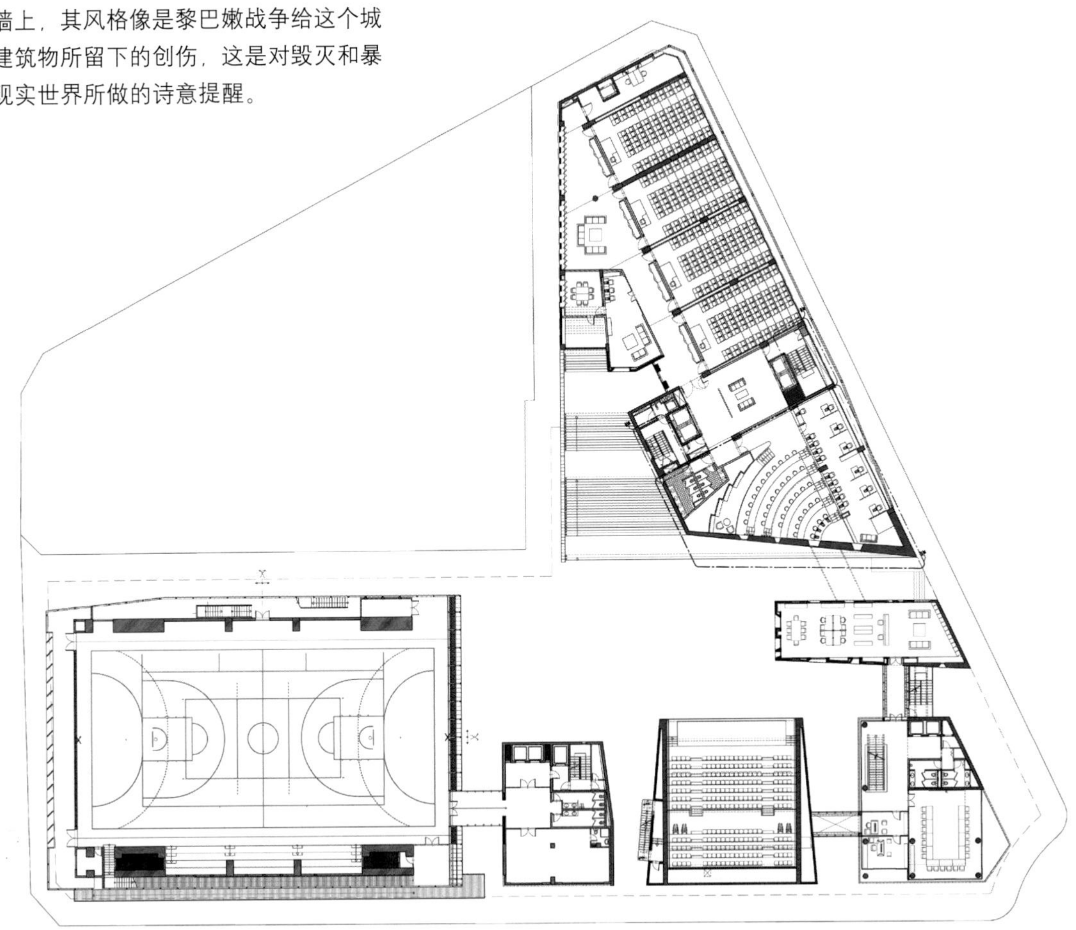

第二层

该设计团队从传统建筑中汲取灵感，探究"光"这一东方建筑传统元素所能拓展的潜力，创造了一个由光与影的强烈对比去制造动画效果的内部空间。

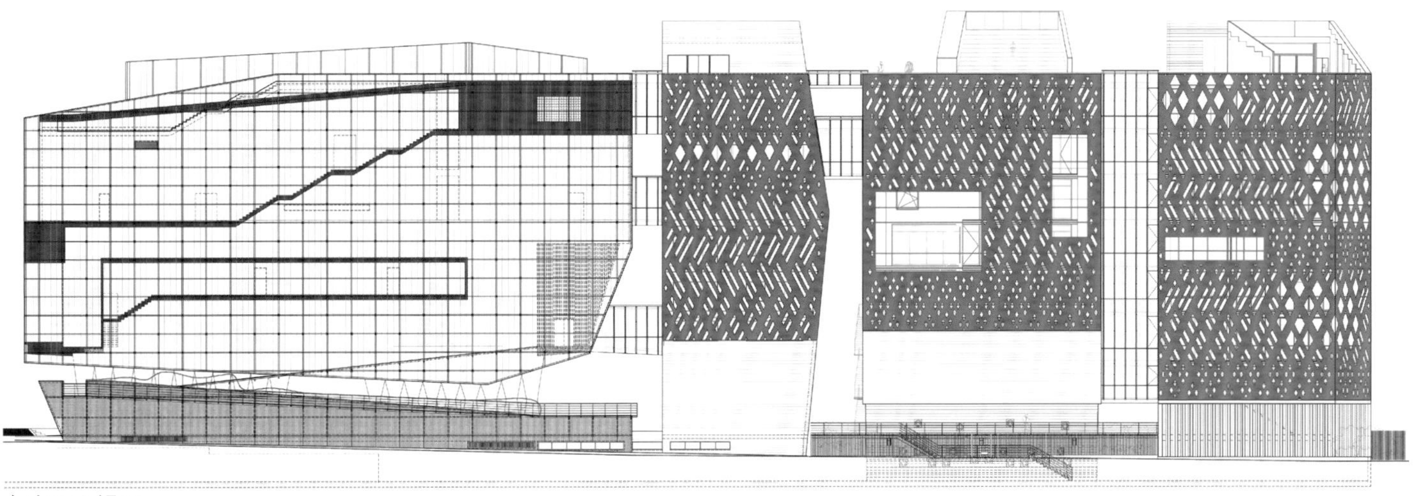
东南面立视图

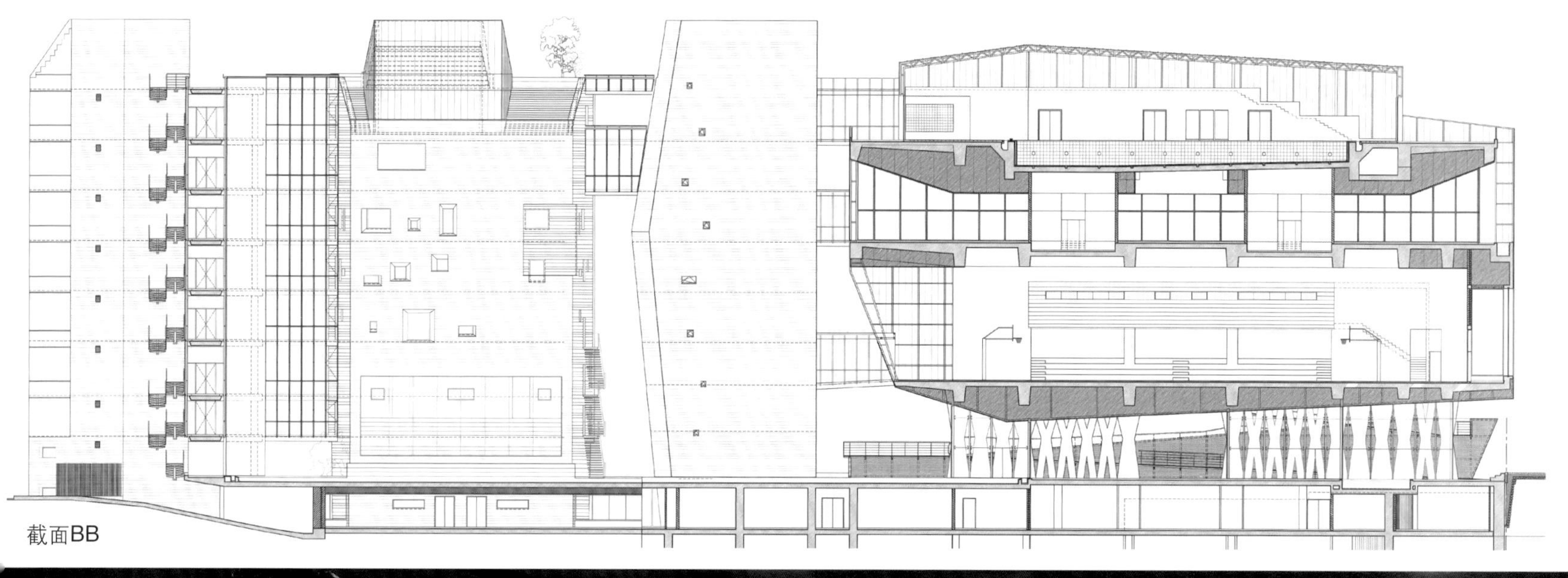
截面BB

Saucier + Perrotte architectes

麦克吉尔大学，舒立克音乐学院，新音乐大楼

蒙特利尔 加拿大

照片提供：Marc Cramer，Pol Baril，Gilles Saucier

加拿大蒙特利尔的麦克吉尔大学的音乐学院新大楼在市中心重新配置了大学校园的东南角。与新大楼毗邻的历史建筑斯特拉斯科纳（Strathcona）楼，是音乐学院现在的家，是该大学最重要的音乐会设施之一。新方案增加了教职员的空间，并包括图书馆、演奏厅、最先进的多媒体练习工作室以及教师办公室。

该建筑位于艾尔默大街和现有的学院建筑东翼之间的狭长地带，多媒体演播室使该设计落定。这是一个近五层楼高的精良石灰岩形体，在北端的地段，有三个楼层“嵌入”到地面以下。练习室和技术工作室也坐落在处于地下王国的多媒体演播室以南。以上这些地下深层空间的上方，街道层面，是演奏大厅和正门。一个折叠的混凝土平面界定了这些空间，似乎在上面支撑着主体建筑。这一平面所唤起的一个侵蚀地平面通往前方蒙特利尔著名的皇家山（Mount Royal）。

一个三层楼高的图书馆坐落在演奏厅的正上方，在这之上是三个额外的楼层，用作办公室和实践空间。新大楼通过穿过正门大厅的玻璃桥与学院的旧楼相连。

该建筑的东、西立面是离散的平面，沿着艾尔默街面对着皇家山框出了城市的景色。东立面以黑色和灰色的锌作为覆盖层，配以照亮办公室走廊的长条形窗户以及一个大大的进入图书馆的玻璃开放空间。西立面以唤起音乐主题为设计主旨，无光和抛光铝的表面图案反射着历史建筑斯特拉斯科纳（Strathcona）楼，同时一系列的穿孔窗口，唤起了对古董机械钢琴的乐谱纸卷的记忆，给小小的空间带来光明。正立面的玻璃幕墙，面对舍布鲁克街，让日光渗透到图书馆和会议空间，为音乐学院的访客和居民创造了有利于学习和研究的室内环境。

建筑方：
Menkès Shooner Dagenais / Saucier + Perrotte architectes
建筑设计师：
Saucier + Perrotte architectes
执行建筑师：
Menkès Shooner Dagenais
设计负责人：
Gilles Saucier，Saucier + Perrotte architectes
项目建筑师：
Anik Shooner，Menkès Shooner Dagenais
项目团队：
Gilles Saucier，Anik Shooner，Caroline Elias，Maxime-Alexis Frappier，Anna Bendix，Anne Sophie Allard，Audrey Archambault，Eda Ascioglu，Patrice Bégin，Catherine Bélanger，Alain Boudrias，Nathalie Cloutier，Jean-Yves Couture，Robert Dequoy，Maxime Gagné，Pierre Gervais，Mana Hemami，Jean-Sebastien Herr，Yvon Lachance，Marc-Antoine Larose, Jean-Louis Léger，Josiane Mac，Andrea MacElwee，Éric Majer，Claudio Nunez，Annie Paradis，Alex Parmentier，Harvens Piou，Isabelle Roy，Annie-Claude Sauvé，Sudhir Suri，Michel Thompson
结构工程师：
Saia Deslauriers Kadanoff，Leconte Brisebois Blais
机电工程：
Pellemon inc., BPR

NORD
VIA
Av. DU PARC
Sherbrooke

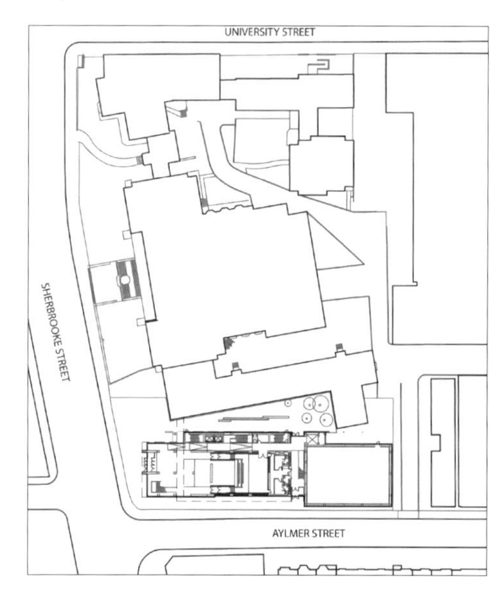
UNIVERSITY STREET
SHERBROOKE STREET
AYLMER STREET

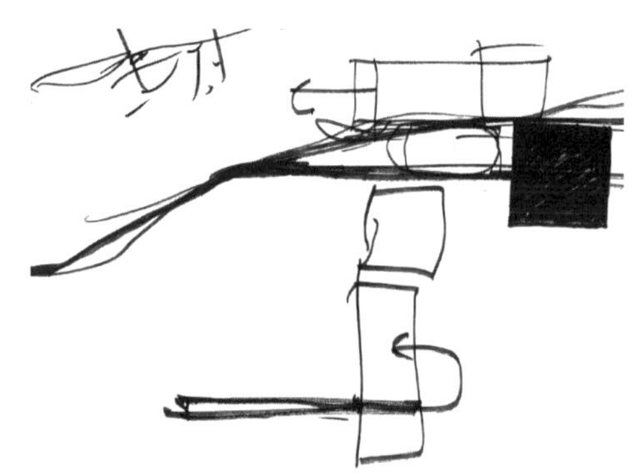

蒙特利尔的麦克吉尔大学音乐学院新大楼在市中心重新配置了大学校园的东南角。新大楼包含了图书馆、演奏厅、最先进的多媒体练习工作室、以及教师办公室。

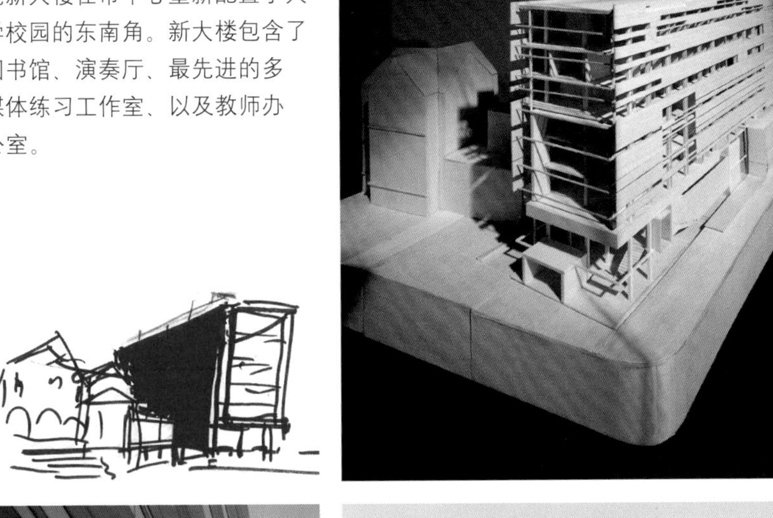

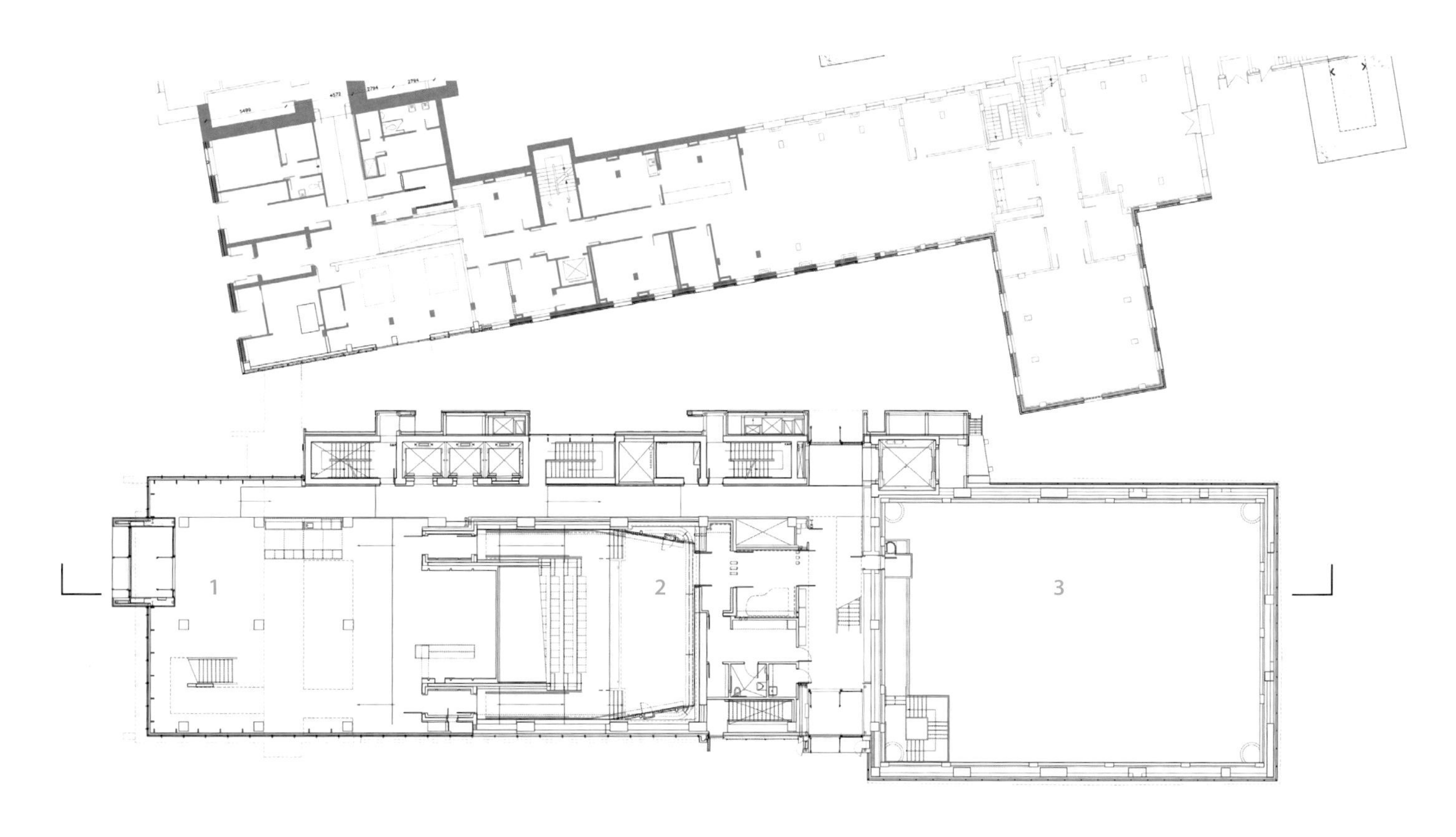

无光和抛光铝的表面图案反射着学院的旧楼，同时一系列的穿孔窗口，唤起了对古董机械钢琴的乐谱纸卷的记忆，给小小的空间带来光明。

第一层建筑平面图

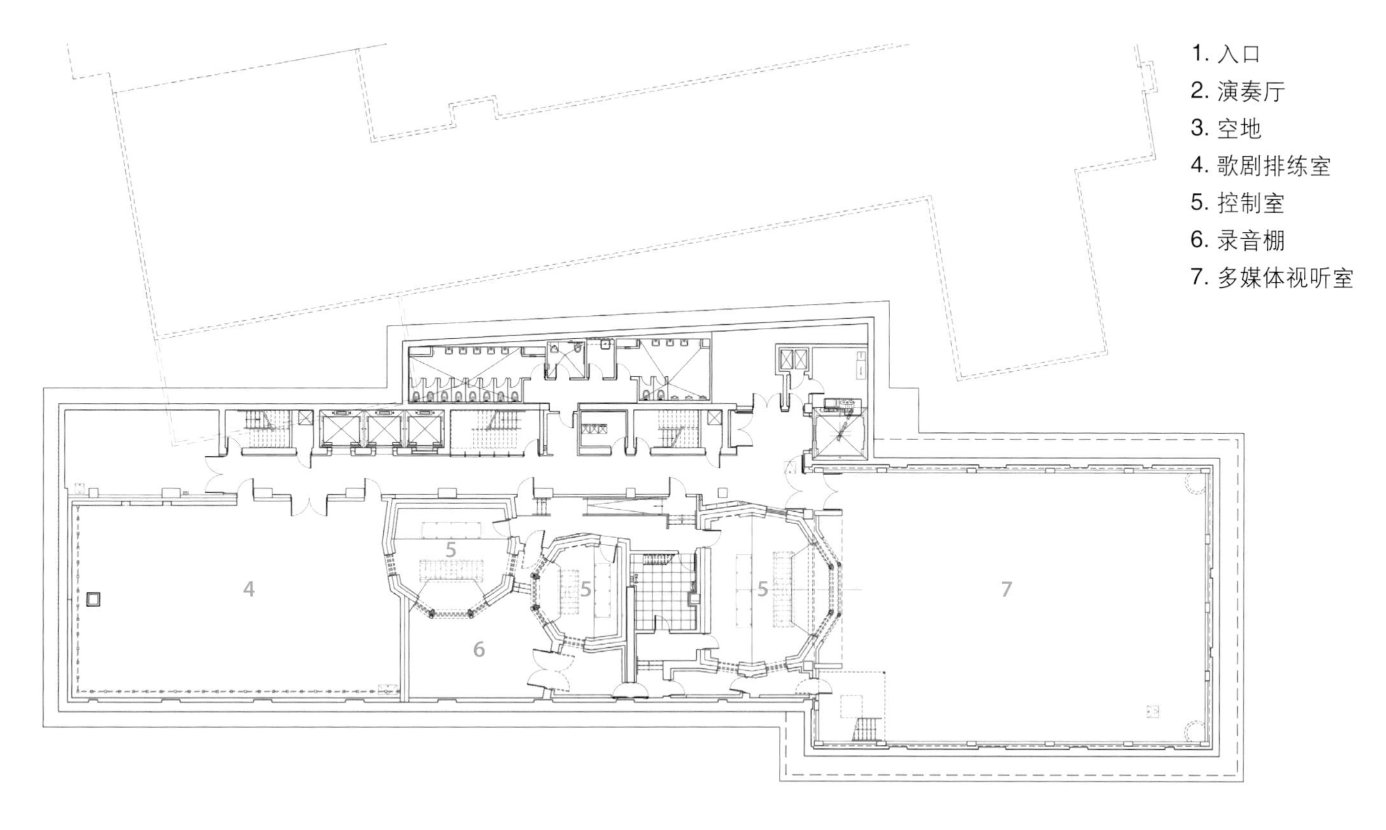

1. 入口
2. 演奏厅
3. 空地
4. 歌剧排练室
5. 控制室
6. 录音棚
7. 多媒体视听室

二层

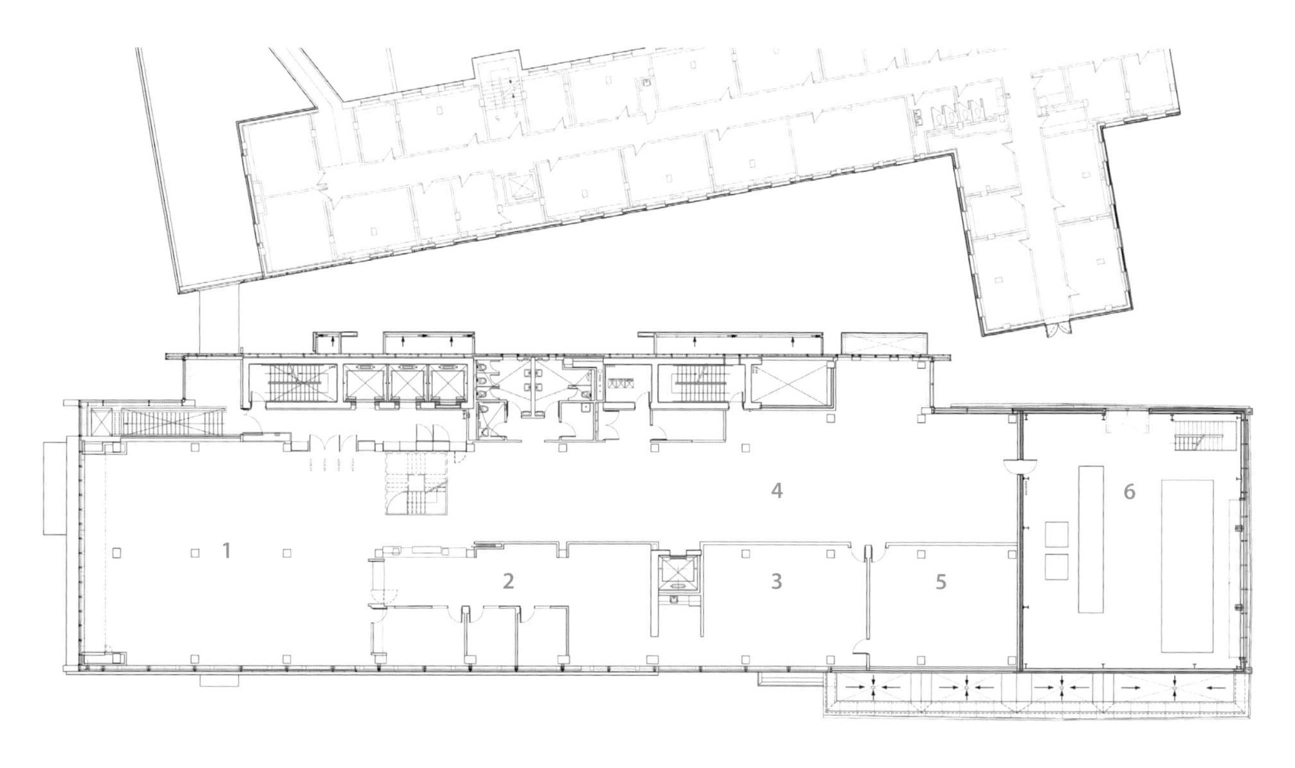

第四层建筑平面图

多媒体演播室使该设计落定。这是一个近五层楼高的精良石灰岩形体，在北端的地段，有三个楼层“嵌入”到地面以下。

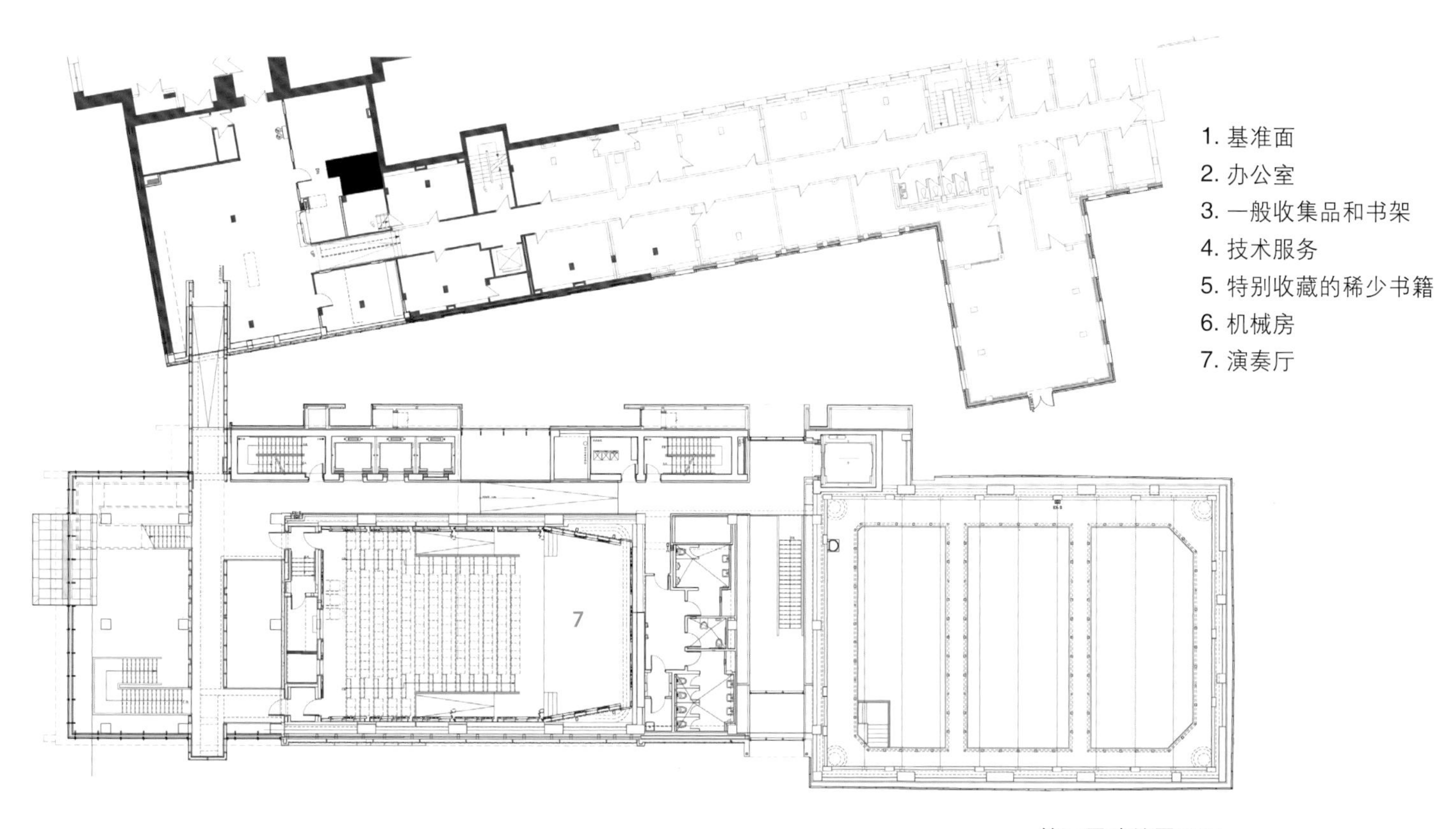

第三层建筑平面图

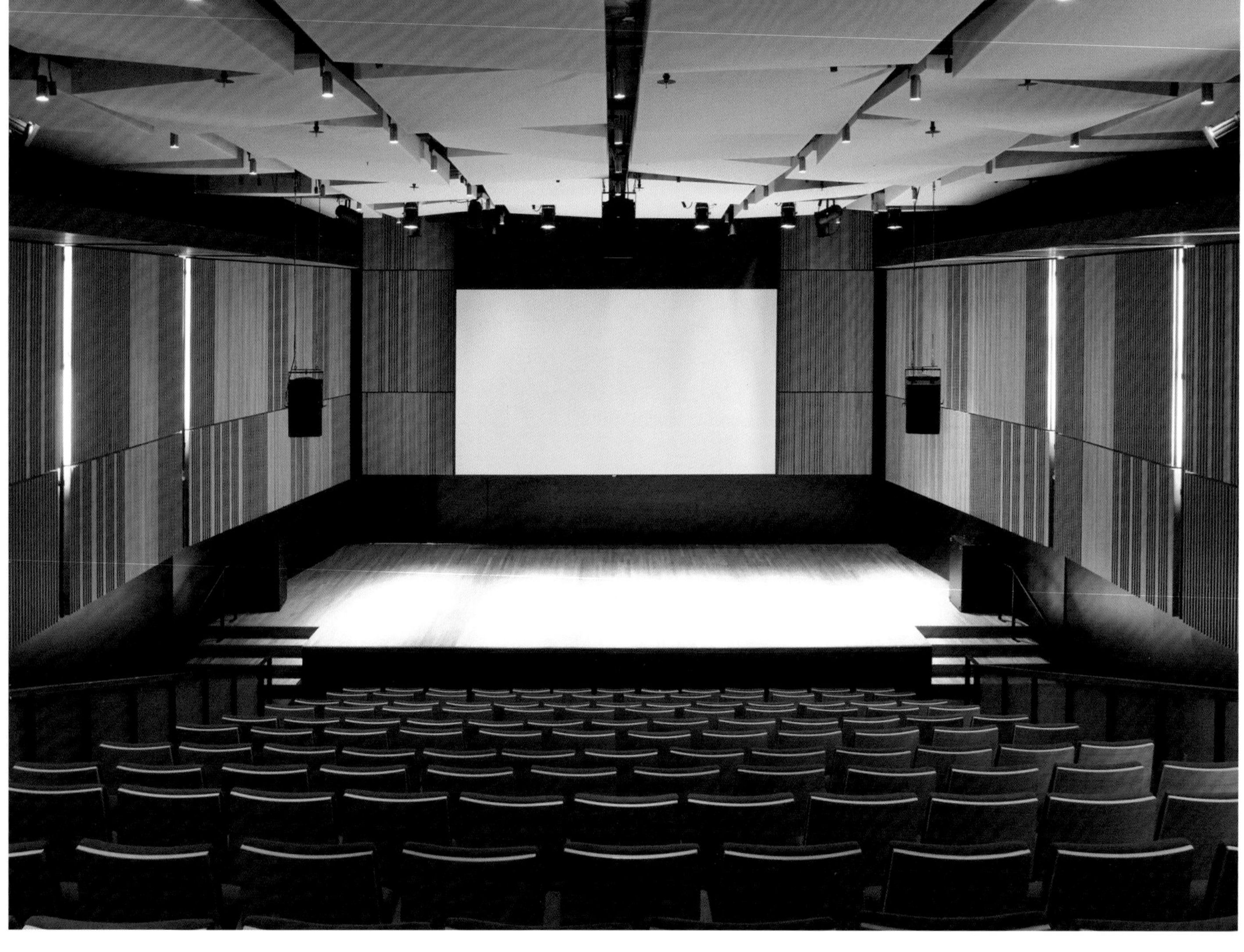

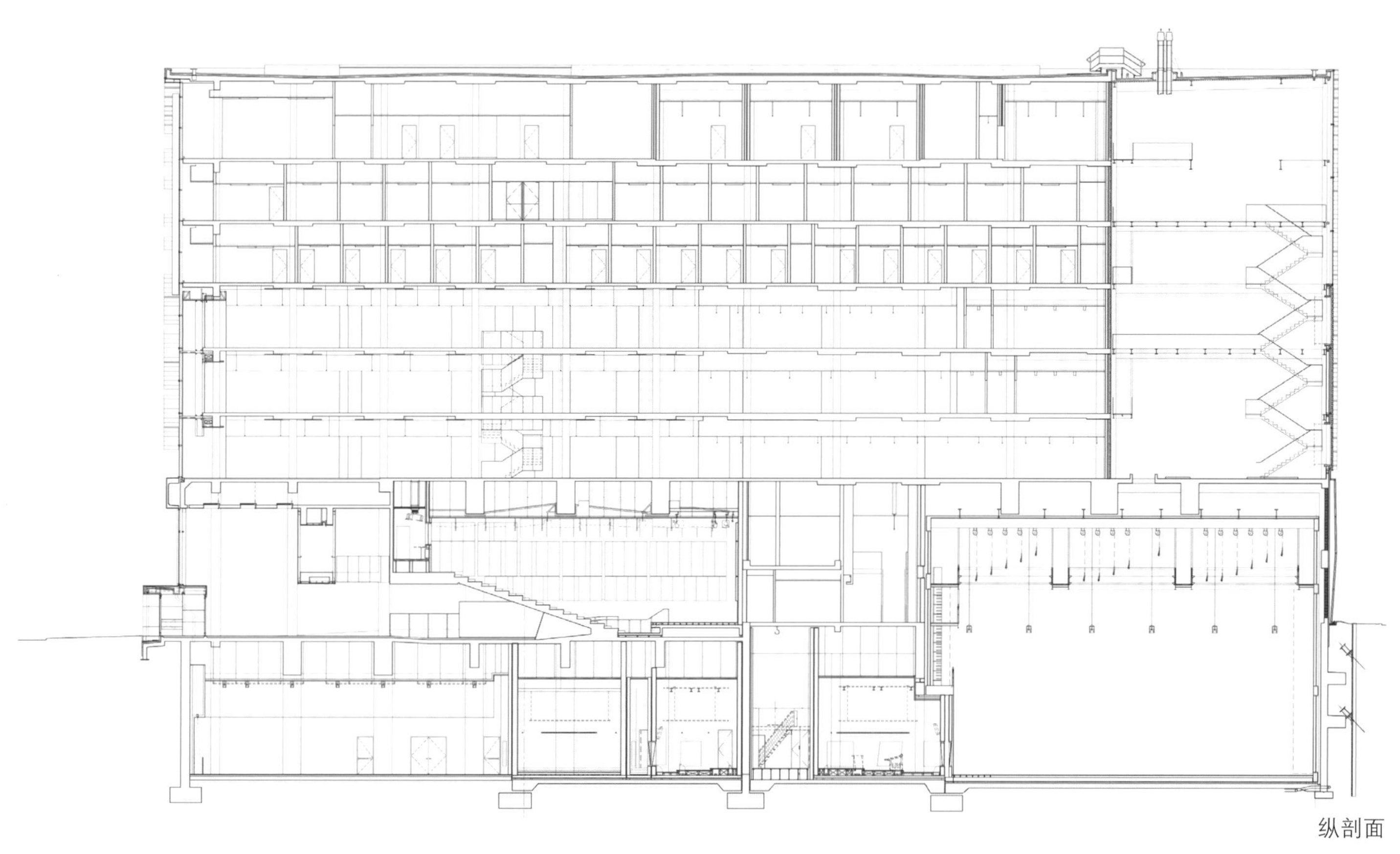

纵剖面

Rafael Viñoly Architects

加利福尼亚大学

旧金山 加利福尼亚 美国

照片提供：Rafael Viñoly Architects

多尔比(Dolby)再生医学大楼位于城市山腰的一个陡峭的坡地上，向设计团队呈现了一个独特的挑战：在一个不平坦的地方建成一个水平的结构。RVA的回应是利用每一尺的可利用空间创造一个美丽而蜿蜒的建筑物。主楼层就像一个连续的实验室，被分成了四个裂开的层次，当大楼沿着树木丛生的山坡向下延伸，每一层次都下降半个楼级，并且每个层次的最高处都有一个办公室集群和生长着野花与植物的草地屋顶。利用温带气候的优势，外部斜坡和楼梯提供了各级之间的连续流通，使大楼设施设施经行人桥连接到附近的三个研究大楼和加州大学旧金山分校（UCSF）医学中心。大楼建筑结构由钢桁架拱的混凝土墩所支持，尽量减少对该地古迹的挖掘并混合了基础隔震以吸收地震力。

大厦内，分裂层次之间的转换接口被设计为活动的轴心。设在这些接口的休息间和楼梯，增加了潜在的互动机会——目的是促成科学家们之间各种思想的互授精华——而且装了玻璃的室内分隔使低楼层的实验室与高楼层的办公室之间也产生了最大化的视觉联系。为了进一步促进合作，实验室占据了一个横向开放式的平面，具有灵活的、定制设计的服务系统，使研究计划的快速重构成为可能。大量的南向玻璃使开放实验室和办公室充满了自然光线以及附近苏特罗山（Sutro）林木茂密的斜坡风景。绿色屋顶平台透露了大楼居民和校园社区的优越环境和户外生活福利。从校园周边建筑物的上部楼层可以看见，屋顶平台创造了一个受人欢迎的过渡空间，连接着植被稠密的校园和森林。

雷和达格玛・多尔比（Ray and Dagmar Dolby）再生医学大楼是加州大学旧金山分校的伊莱和伊迪特・布罗德（Eli and Edyhe Broad）再生医学中心和干细胞研究中心的总部，它横跨了整个加州大学旧金山分校的校园。该中心包括125个实验室，科学家在其间探索动物和人类发展的最初阶段。这些研究的目的是理解机能失调和疾病是如何发展的，并基于对干细胞和其他早期细胞的了解和使用，研究这些疾病可以如何被治疗。该研究所的使命是把基础研究成果转化应用为临床研究和病人护理。研究所的科学家将紧密地与位于附近的加州大学旧金山分校医疗中心的临床研究者们携手合作，将各项发现转变为治疗策略。

建筑方：
Rafael Viñoly Architects
调试代理：
Glumac
设计建筑承包人：
DPR Construction
实验室规划顾问：
GPR Planners Collaborative, Inc.
结构工程师：
Forell/Elsesser Engineers, Inc.
机械/管道/消防工程师：
ACCO Engineered Systems, Inc.
电气工程师：
Cupertino Electric, Inc.
市政工程师：
Creegan & D′ Angelo
景观建筑：
Carducci & Associates, Inc
面积：
73,000平方英尺（6,780平方米）

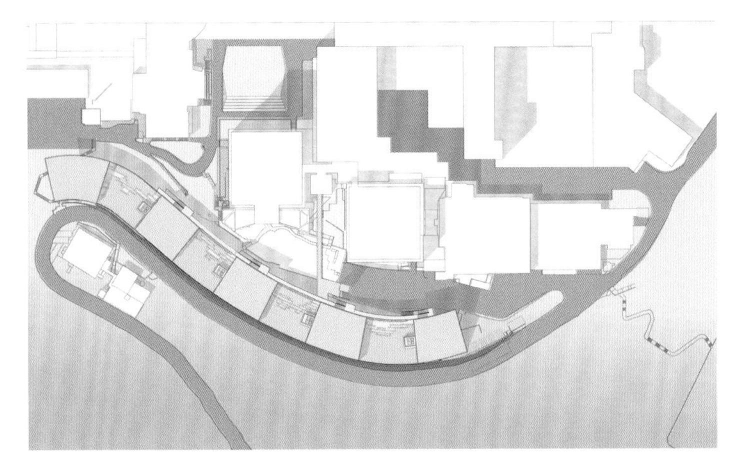

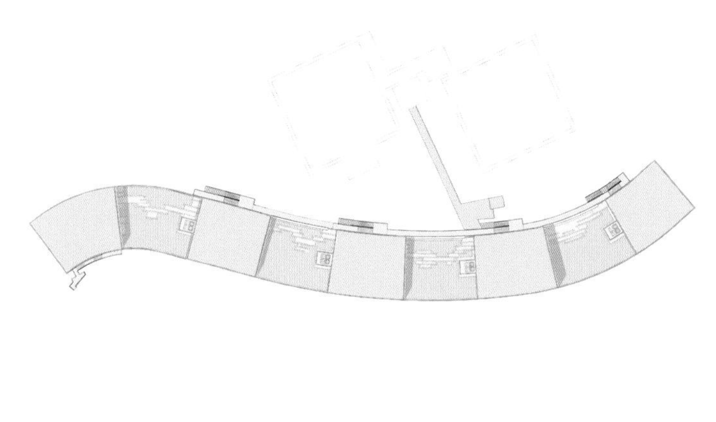

典型的平面示意图

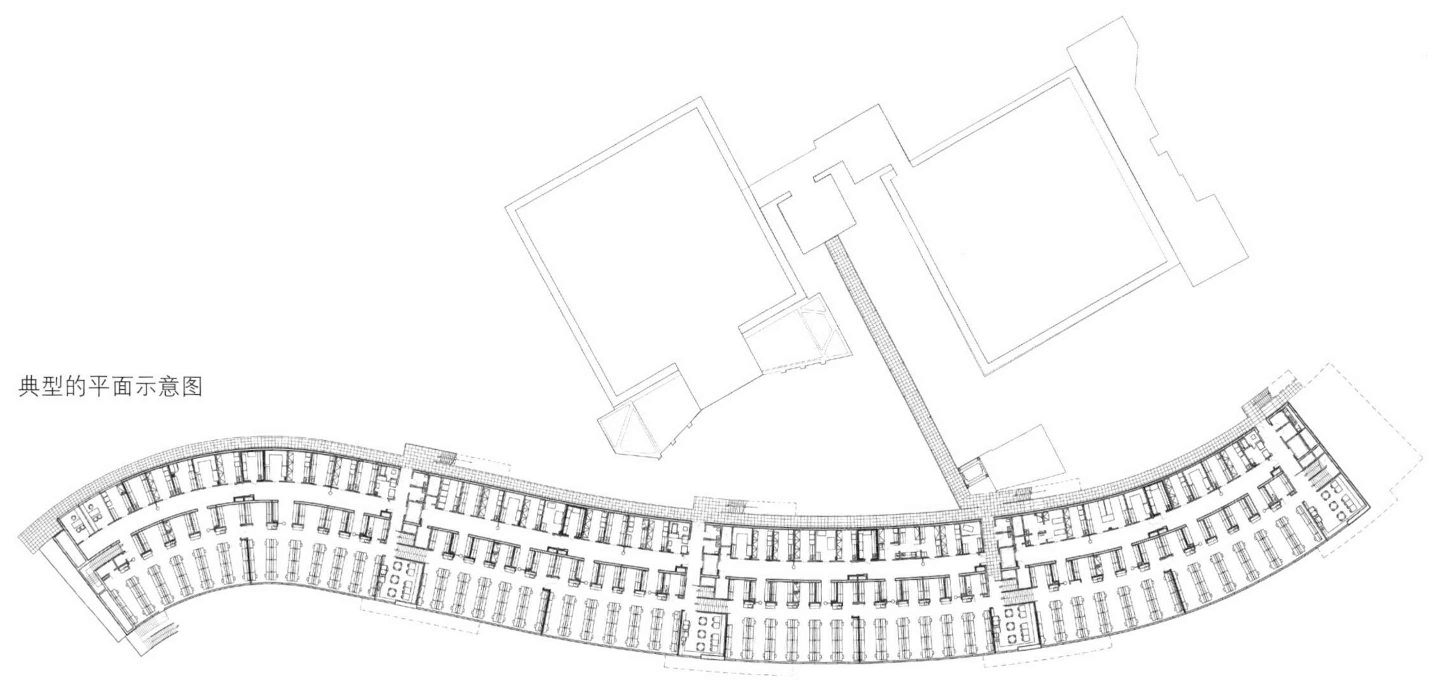

利用温带气候的优势，外部斜坡和楼梯提供了各级之间的连续流通，设施经行人桥连接到附近的三个研究大楼和UCSF医学中心。

为了进一步促进合作，实验室占据了一个横向开放式的平面，具有灵活的、定制设计的服务系统，使研究计划的快速重构成为可能。

横截面

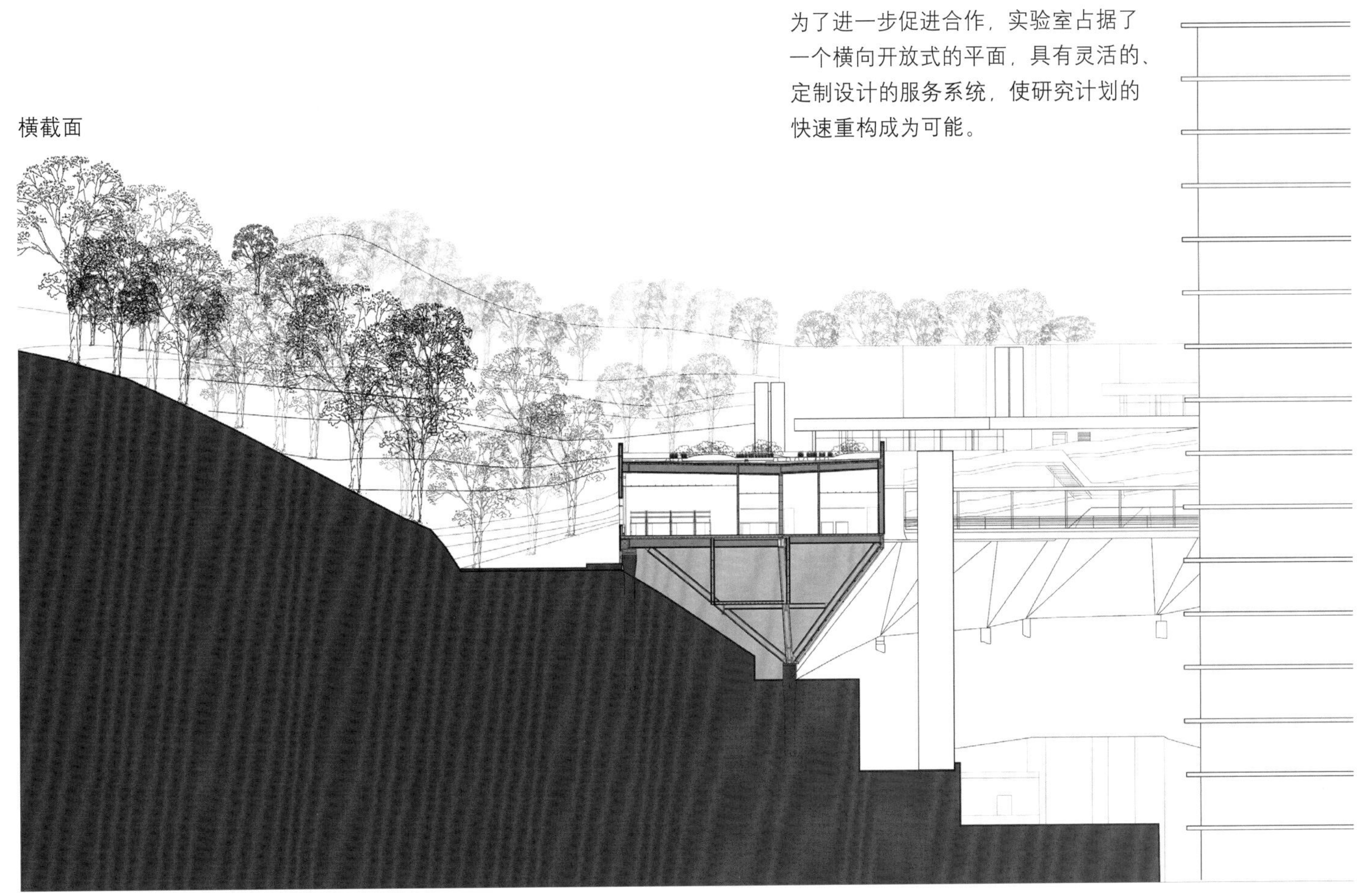

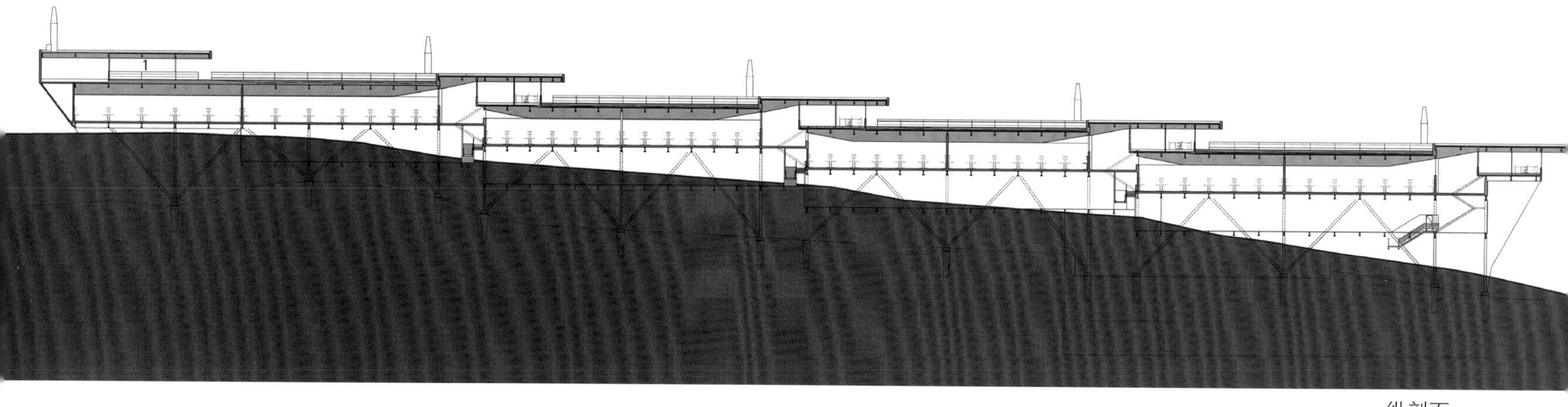

纵剖面

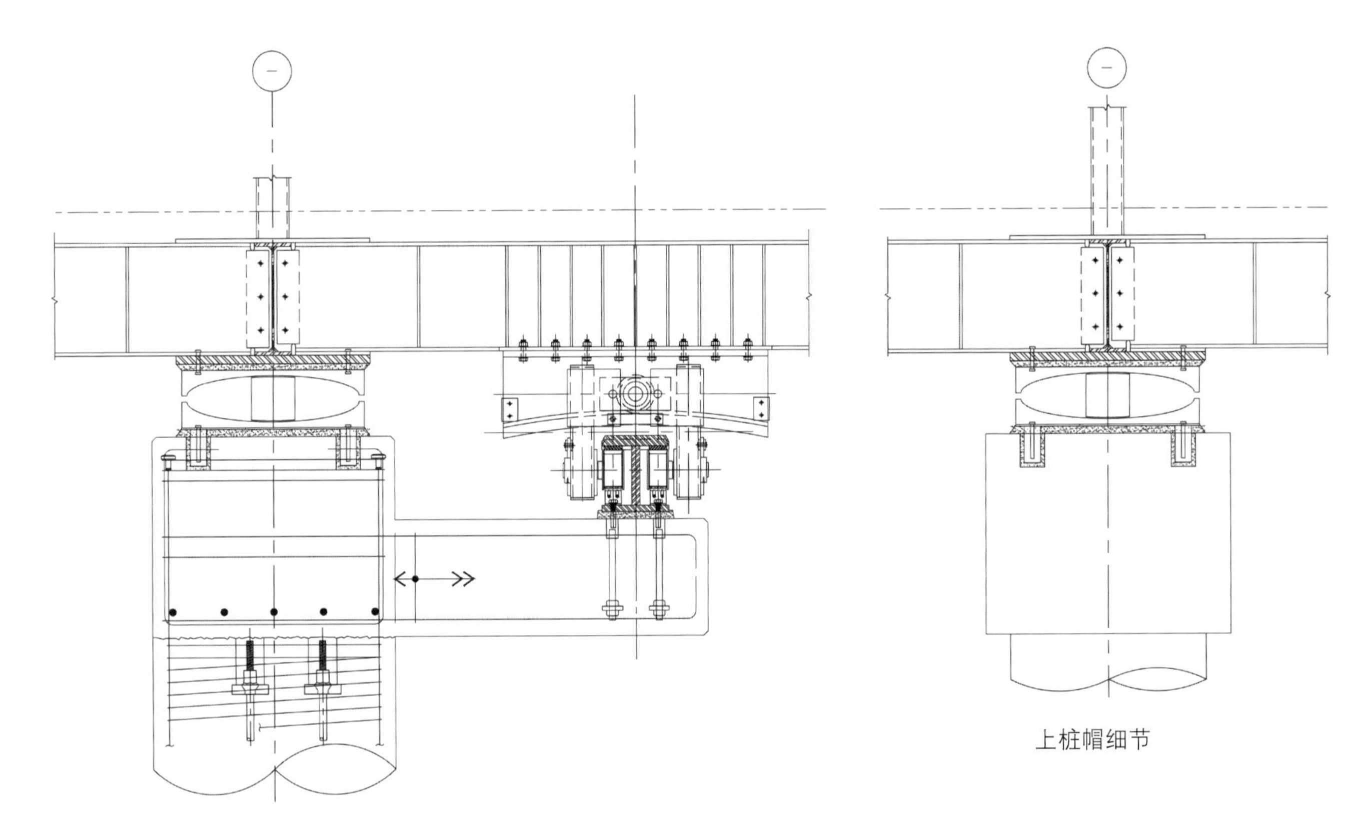
上桩帽细节

绿色屋顶平台透露了大楼居民和校园社区的优越环境和户外生活福利。从校园周边建筑物的上部楼层可以看见，屋顶平台创造了一个受人欢迎的过渡空间，连接着植被稠密的校园和森林。

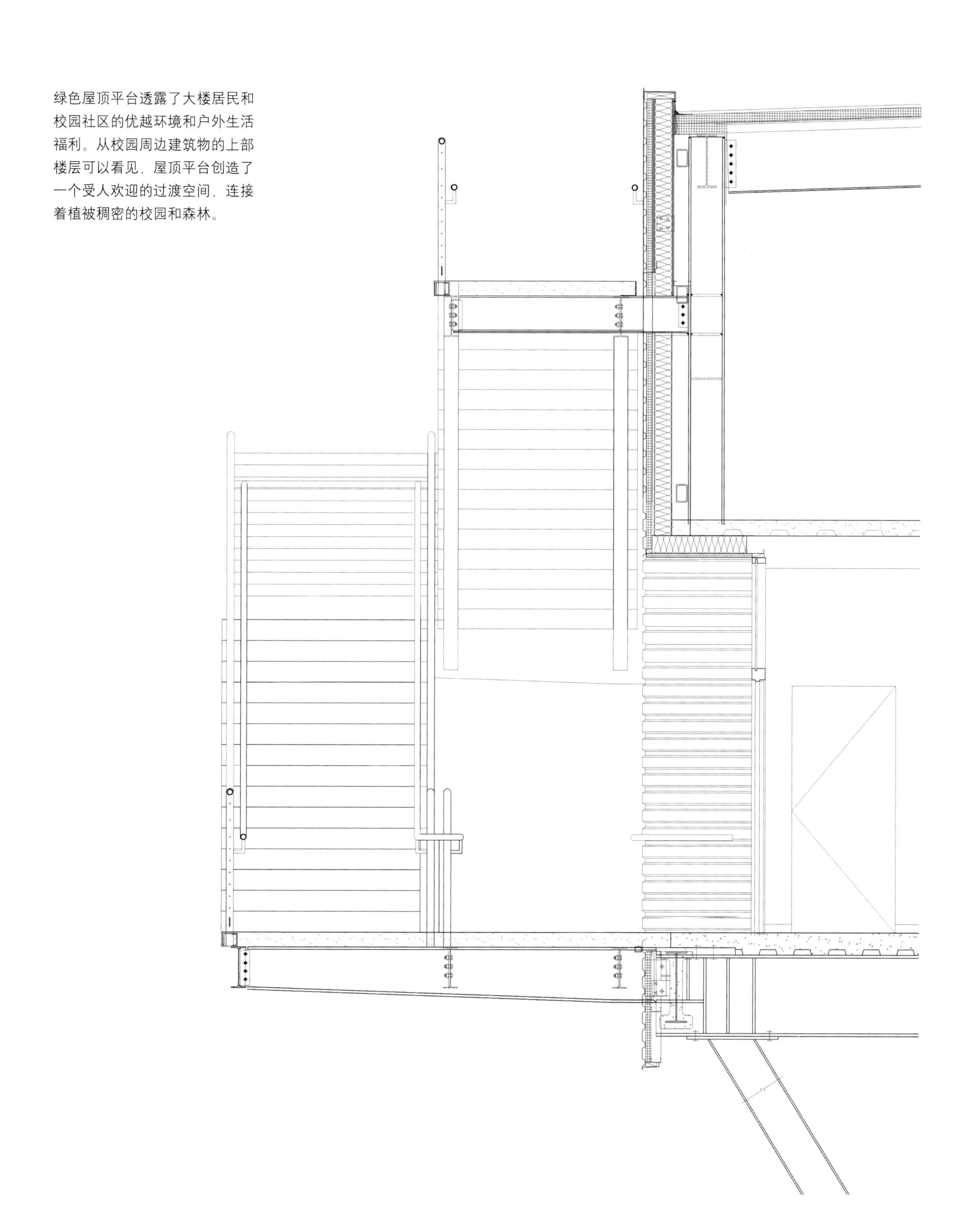

C. F. Møller Architects

A · P · 穆勒学校

石勒苏益格 德国

照片提供：C. F. Møller Architects

A · P · 穆勒学院，位于德国的一所丹麦学校，包含了小学的7年级到10年级以及中学的三个年级。它结合了丹麦学校的全部课程和德国立法背景护身符，合并了两个世界中最好的部分，业主简单称之为混合学校类型。丹麦中学于2005年进行改革，转变了关键的教育原则的特征：将课堂学时替换为外延更加广泛的"教学时间"的观念，并在很大程度上抛弃了对传统教室的使用，这是为了刺激科目之间的合作并吸纳更加灵活的各种新的工作方式。

针对这种改变物理环境需要提供各种新的跨学科可能性和多种环境，而这些要求被体现在新学校建筑的开放空间序列、透明的教学区、和诸如位于中央的"互动空间"之类的普通无界限的功能区上。凭借无线网络，信息技术的广泛使用进一步强化了这一趋势。

依靠一种更典型的课堂结构的设计，新学校建筑也落实了德国学校的原则。该设计避免了传统的走廊，而是将所有通道导向露天阳台环绕着的两个大型室内空间：一个带有餐厅、休闲区、表演大厅和"知识中心"的大礼堂在南边，一个体育馆/多功能厅在北边，两边被同一个倾斜的屋顶所横跨。阳光从不同方向照耀着这两个核心地区，在视觉上，这里与周围的城市景观融为一体，自然地被用来作为进行各种运动、文化活动、音乐会和学校时间以外的会议等社区活动的空间。

学校的建筑是简单的和永恒的，正如业主在其简短声明中所指定的那样，具有明确的形式和一个广为人知的外形：矗立在一片开阔草坪上的一座精雕细琢的独立砖块砌体，其内部空间被一个大而倾斜带天窗的铜屋顶所统一。学校的正面是一个有关透明与面积的精心组合，允许日光被最大限度地利用，同时控制过热和眩光。立面包含了两层：外层是浅黄色砖，带有深深的壁龛和悬臂式楼层横档，砖的后面是玻璃。这深深的立面框起了风景，并能遮蔽太阳和风雨。建筑的结构是由预制混凝土制成的，部分用了砖铸造，并由砖工在现场铺就。

建筑设计的目的是使现有的自然资源，如被动式太阳能、雨水、景色和通风条件都能得到最优化利用。选择的所有材料都具有高品质、高耐用性和低维修率的特点。所用的材料——砖、实木地板、玻璃栏杆、隔音胶合木材镶板和铜屋顶——向学生灌输了自豪感，并创造了一个明亮而舒适的内部氛围。

建筑方：
C. F. Møller Architects
施工经理：
Maersk Construction
工程师：
Rambøll A/S
景观：
Kessler & Krämer Landschaftsarchitekten
艺术家：
Olafur Eliasson
业主：
The A.P. Møller and Chastine McKinney Møller Foundation
总楼面面积：
160,000平方英尺（15,000平方米）

总体设计规划被认为相当于一个“市镇”，它允许开放的教学结构，在其间，不论是对个体工作、团队工作还是公共学期来说，整个学校就是一种教育环境。

正门、中庭和公共走廊都被设计成面对着霍尔默·诺尔（Holmer Noor）自然保护区和石勒苏益格的天际线而打开。通过建设所进行的深入行动，不断开辟小镇新的风景及周边的自然环境。

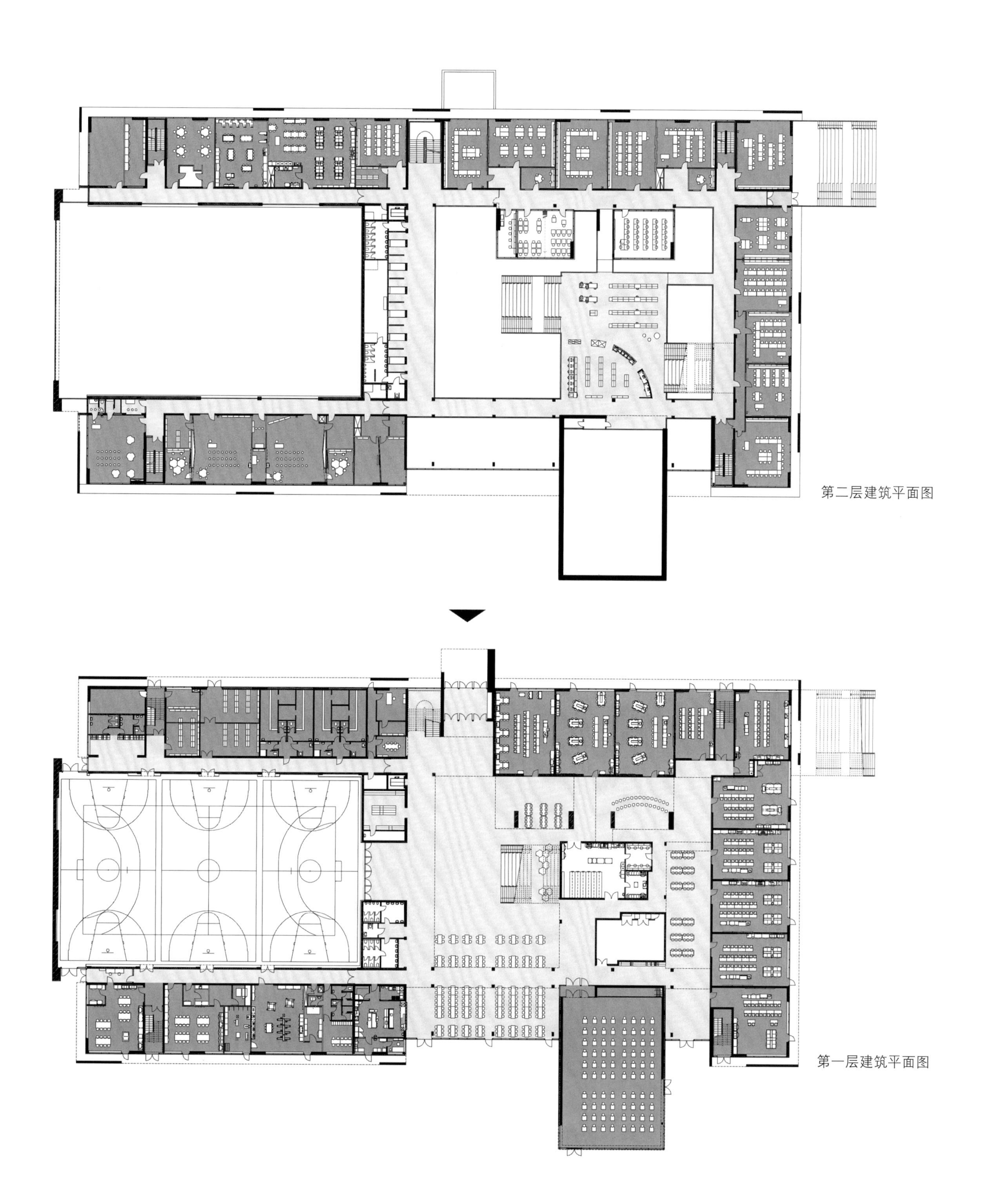

第二层建筑平面图

第一层建筑平面图

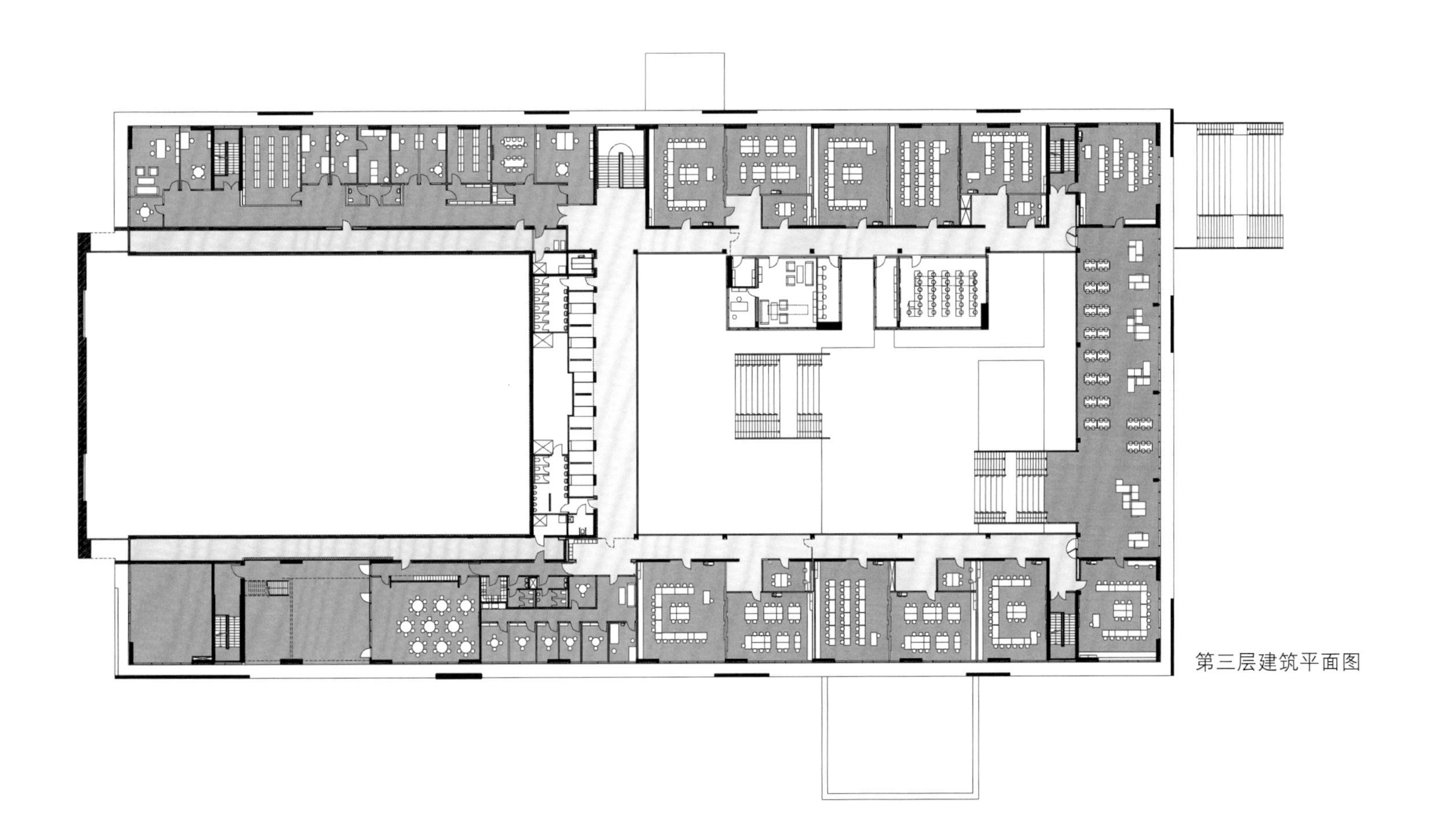

第三层建筑平面图

071
072
088
096
136
144
152
160
200
208

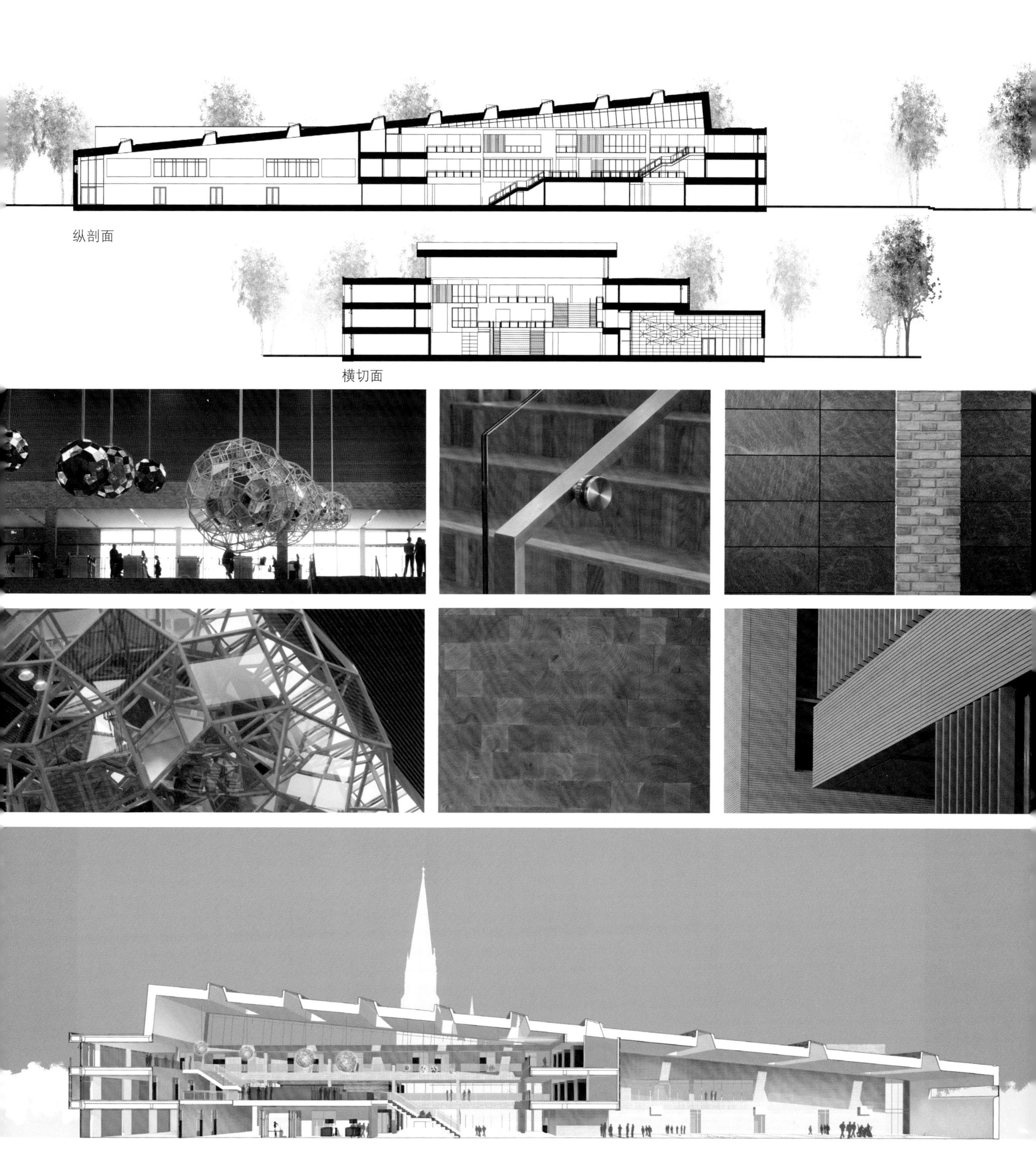
纵剖面
横切面

Grafton Architects

路易吉-博科尼大学

米兰 意大利　　照片提供：grafton architects，federico brunetti and Bocconi University

米兰的这座大学新建筑的理念是建立两个世界，一个盘旋于另一个之上，同时城市空间在两者之间流动。

城市的公共空间是通过建筑来绘制的，这栋建筑同时带来的还有米兰的铺路石以及面向城市生活的大学。这是这所大学最开放的一角，如同一个“窗口”向米兰打开。大礼堂占据了建筑的一角，象征性地维持着大学的存在和声望。这里的加宽路面形成了一个新的城市空间，伸向城市，并吸引着人们进入大楼。

作为一个交流的空间，该大学项目在设计之前细察了博罗列多广场（Il Broletto），它是一个位于米兰市中心的中世纪集市大厦。为了创造一个适用于交流这一目的的大空间，建筑师将研究机构模仿为一个巨大树冠之间的若干光束，光束透过彼此过滤到所有层级。由此产生的结构具有强大而夸张的品质。巨大的混凝土墩和墙壁横梁在25米高的中心支撑着屋顶横梁，在这里，办公室、庭院和花园都悬挂着，创造了一个可栖息的屋顶风光，它笼罩着坚实的雕刻般的地下世界。庭院为所有办公室和一些公共空间提供了自然通风和自然光线。

针对米兰的特点——外部坚硬，内在友好——建筑师创造了一个坚硬的外壳，使用的是一种强大的材料，Ceppo，当地的米兰石。外墙因此被赋予了深刻、厚重和高品质的感觉——这正是本土建筑的种种优点。

出于建筑和环境两方面原因，大礼堂和会议室都被表现为封闭式的空间——比如说升出地面的礼堂，和悬臂在街道之上的会议室，这些空间的密闭外墙可以防止太阳西晒和北方的噪音污染。

在节能方面，对办公室的照明水平的研究有助于开窗尺寸和玻璃开口的设计，在尽量减少眩光和日晒的同时，使光线的利用达到最大化。使用水温表和零排放的地源热泵，则提供了太阳能加热系统。

建筑方：
Grafton Architects
主管：
Yvonne Farrell，Shelley McNamara
Gerard Carty，Philippe O′sullivan
项目建筑师：
Simona Castell
合作者：
Abi Hudson, Matt McCullagh，Kieran O′Brien, Paul O′Brien, Kate O′Daly，Ciara Reddy，Jasper Reynolds
业主：
Universita′Luigi Bocconi
结构工程师：
Studio Ingegneria E. Pereira
服务工程师：
Amman Progetti
项目经理：
Progetto Pcmr
建筑法规协调员：
Studio Rabuffetti
声学工程师：
Arpservice P.Molina
消防证书建筑师：
Ing. Silvestre Mistretta
室内建筑师：
Avenue Architects
立面设计顾问：
BDA Ltd
主承包人：
G.D.M. Costruzioni S.p.a.
总面积：
738,000平方英尺（68,600平方米）

A DIGITALE DI ARCHITETTURA 2007 © ARCHIVIO FEDERICO BRUNETTI

A 2007 © ARCHIVIO FEDERICO BRUNETTI

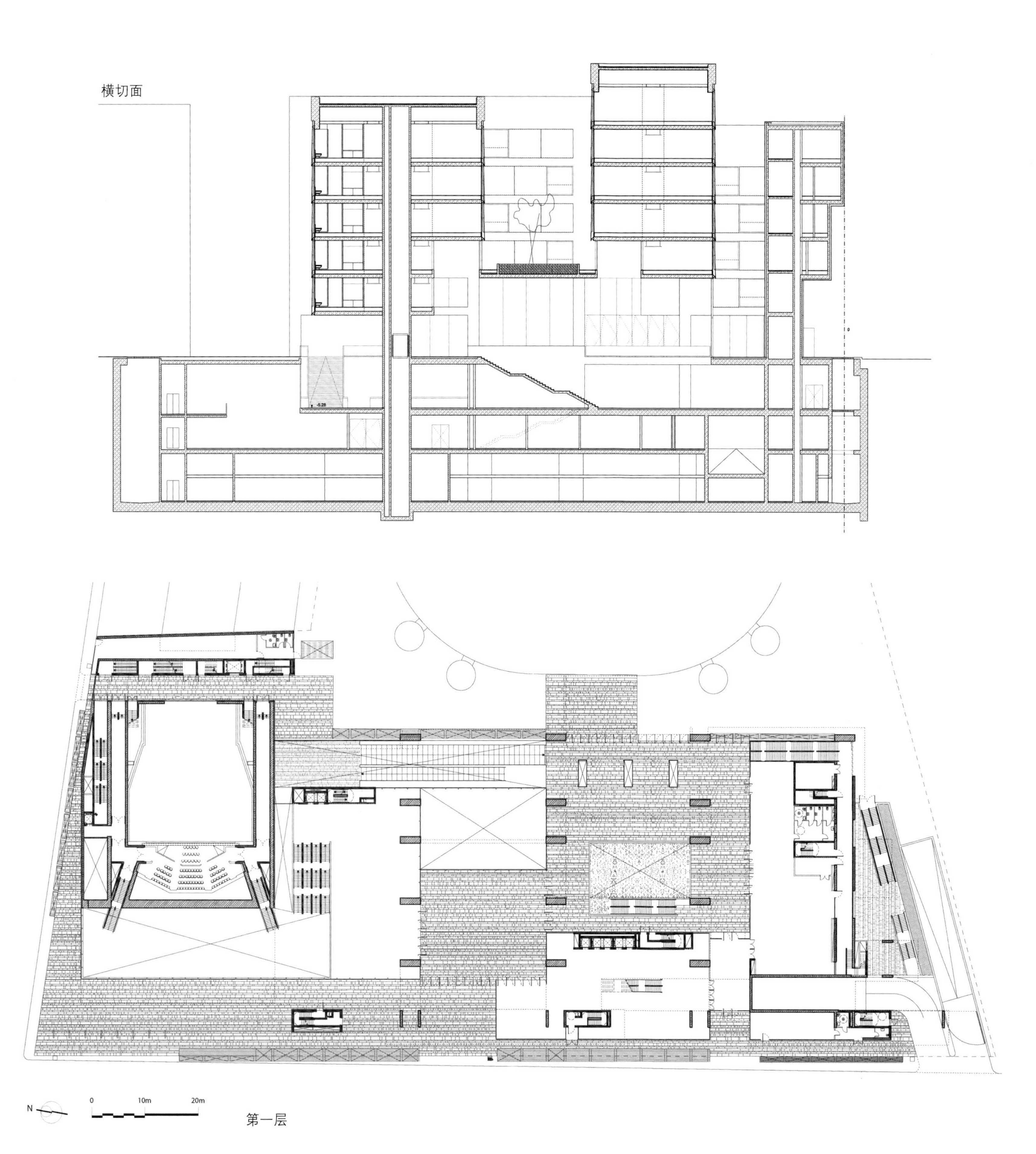
横切面
-5.28
N
0
10m
20m
第一层

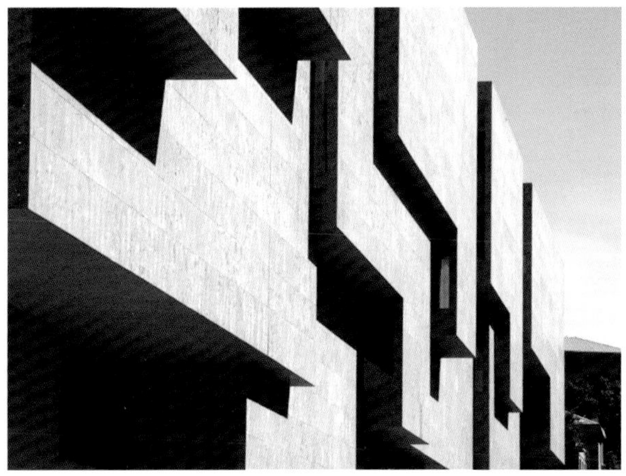

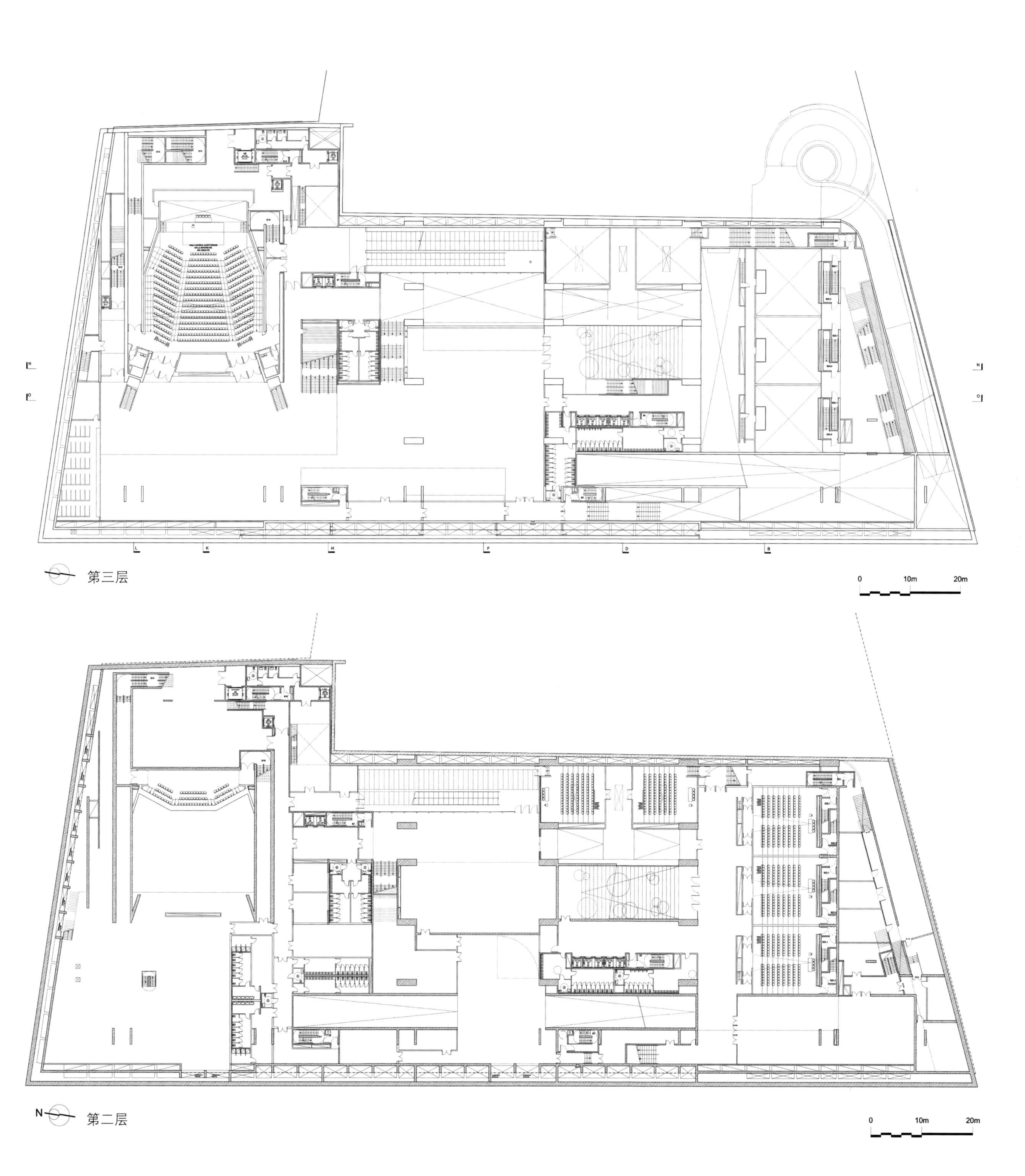
第三层
0
10m
20m
第二层
0
10m
20m

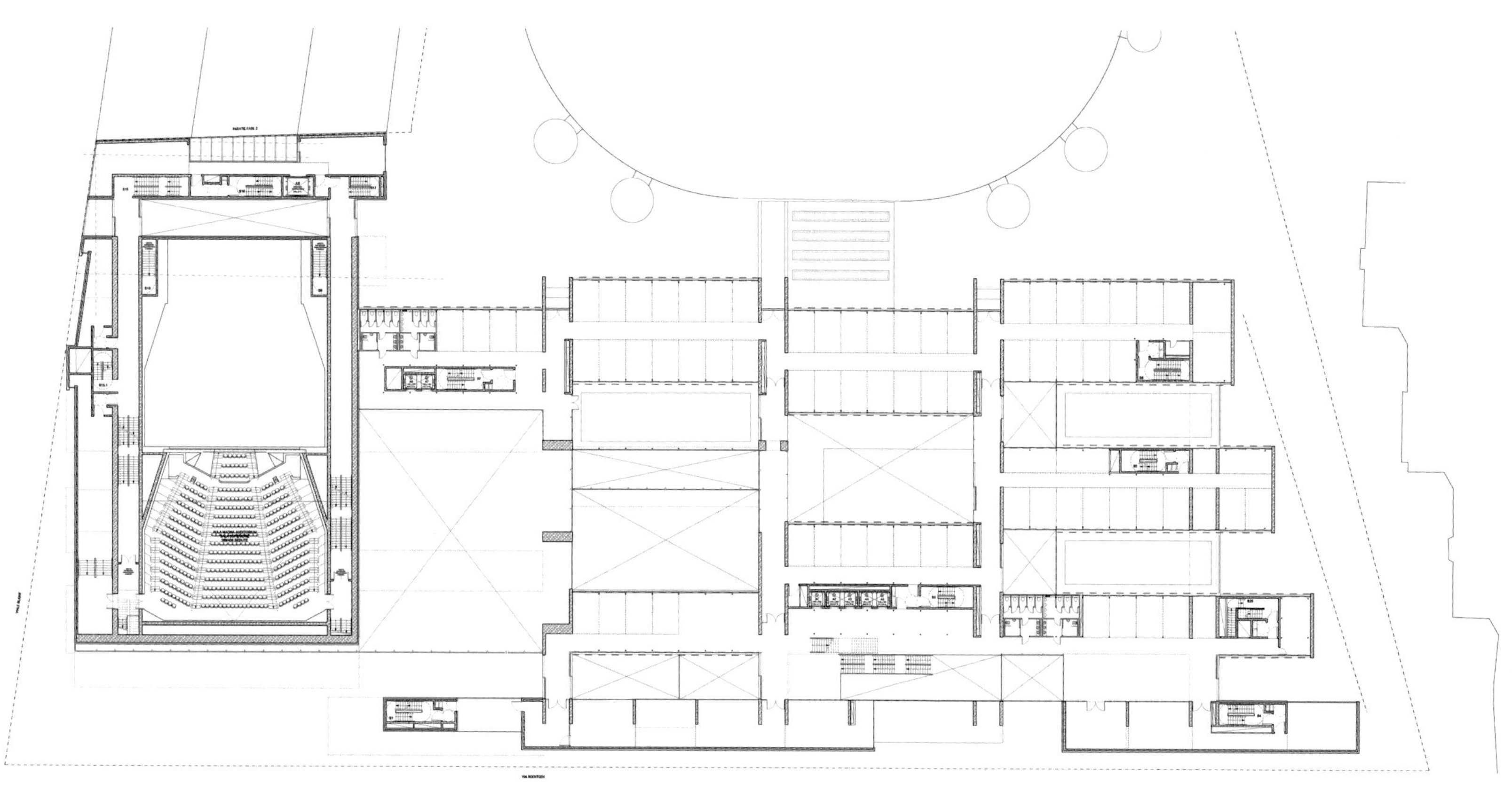

第五层

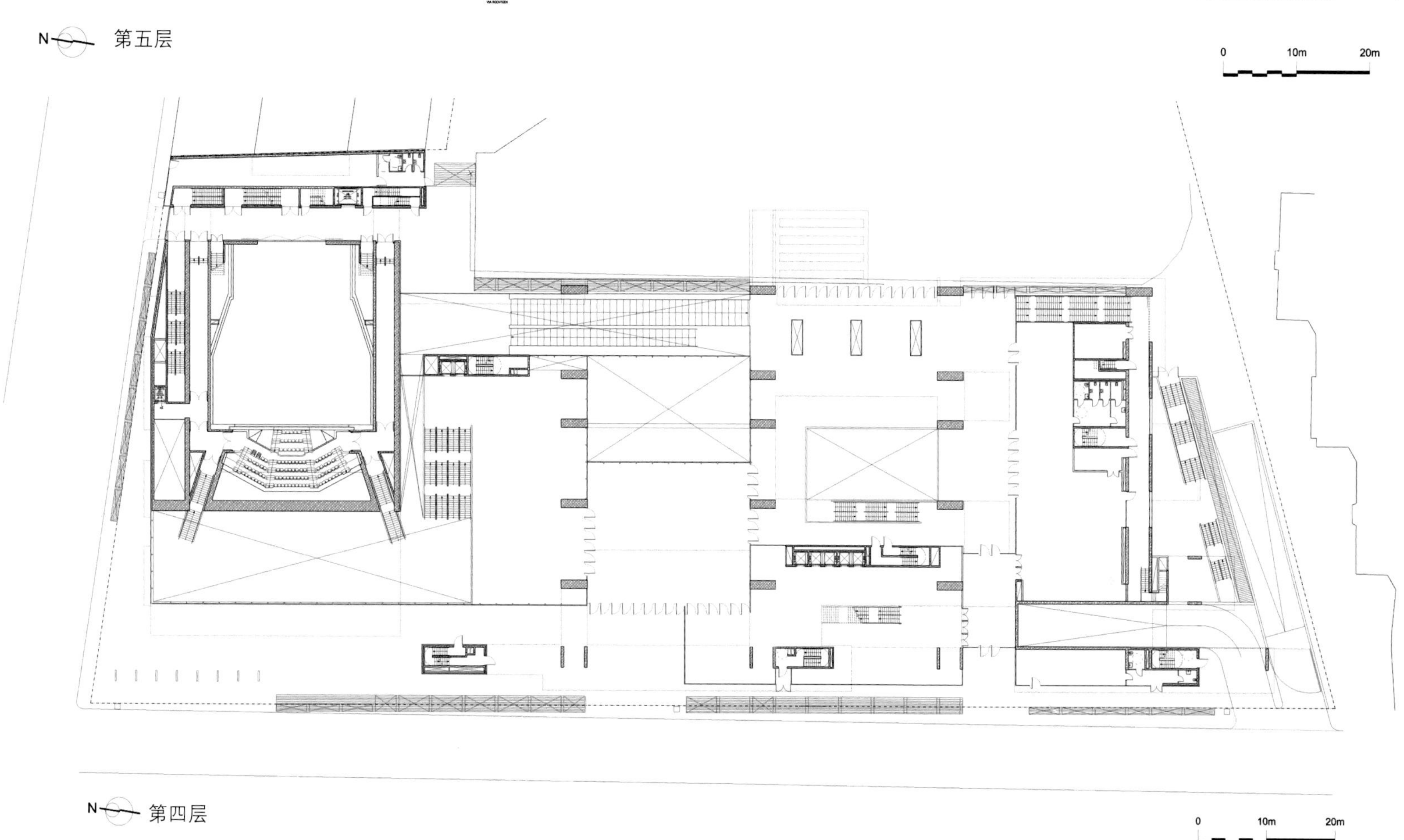

第四层

横切面

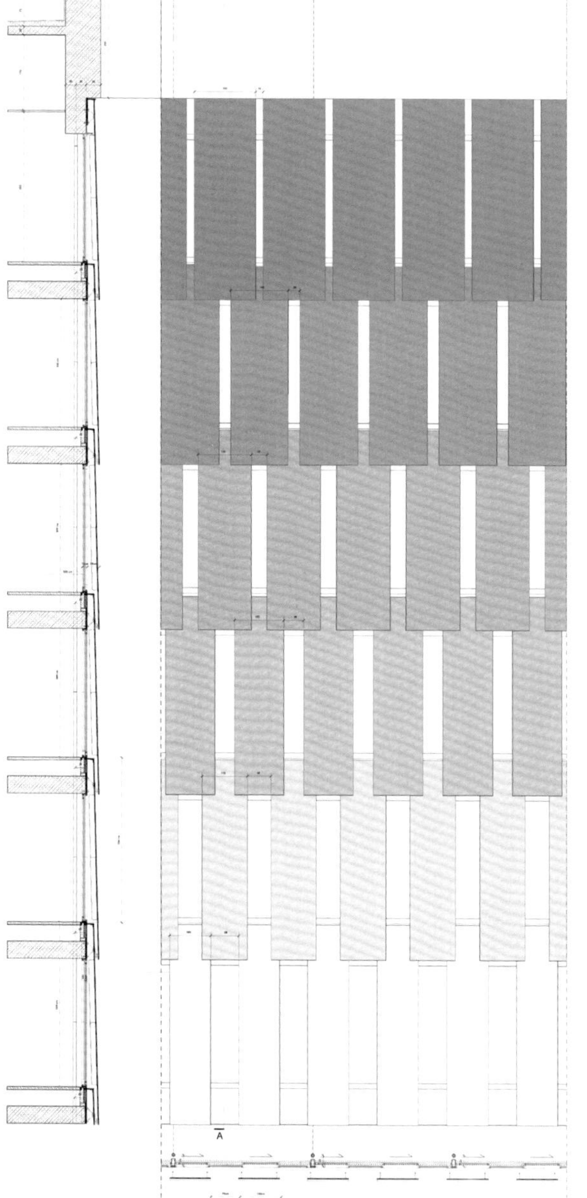

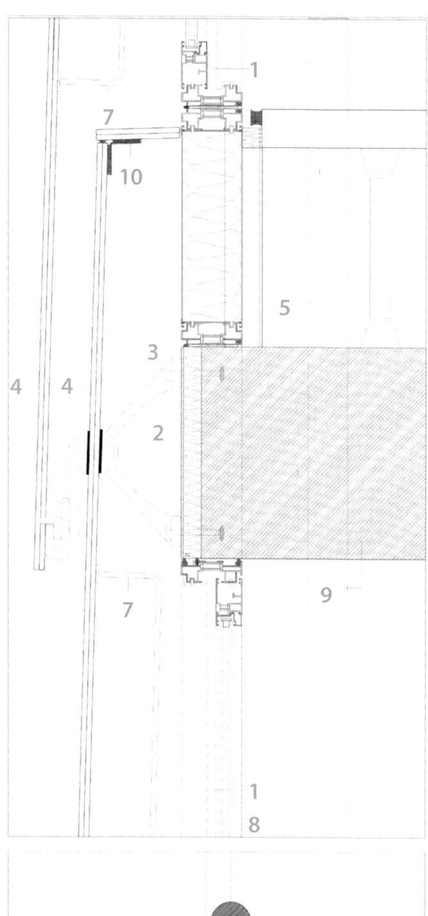

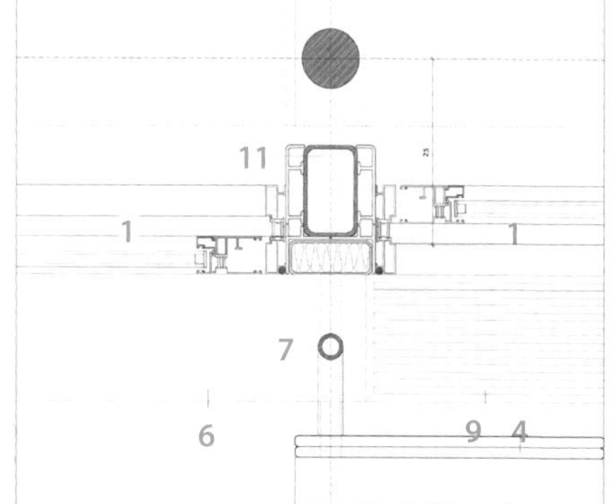

外立面细节

要点

1. 双层玻璃滑动板，洛玻璃，断热铝框
2.外部覆面板：具有隔音和防火功能的不锈钢
3. 半透明搭叠外墙玻璃面板的不锈钢结构
4. 半透明夹层玻璃面板，透明度为10 - 60 %，防止办公室日晒
5. 钢缆
6. 玻璃面板固定
7. 垂直保护闩
8. 滑动玻璃面板
9. 钢筋混凝土楼板
10. 不锈钢角
11. 隔音

Claus en Kaan Architecten

荷兰生态学研究所

瓦赫宁根 荷兰

照片提供：Sebastian Van Damme, Christian Richters and René de wit

荷兰生态学研究所迁入的这所为其专门建造的综合大楼，由Claus en Kaan Architecten设计于2011年。这座大楼，位于瓦赫宁根大学校园正对面，能容纳160名学院教职员工，由主体建筑与实验室、办公室及各种附属建筑如温室等组成。

永续性当然是业主优先考虑的关键：他们的目标是打造荷兰最可持续的办公室和实验室。设计团队在设计选择中使用会影响一生的评估体系去管辖所有阶段的过程，从材料的选择和施工技术到调节内部环境的选择系统。

大楼的形象是设计的一个关键价值所在。组织的透明运作被转译成视觉透明度的建筑语言。几面透明的幕墙使其内部活动能从外面被看到，而里面的工作人员也能看见外面，创造了一个与外部世界随时保持联系的工作环境。

该建筑是紧凑型的——实验室、办公室、温室和池塘之间都是短距离的。这种方法使建筑师能够创造膨胀性的流通空间，服务于该建筑最重要的功能之一：促进员工之间的非正式接触。空隙提供了楼层之间的开放性连接，并允许光线和空气渗透进来。狭小的房间、宽阔的走廊和公共领域的慷慨尺寸，促成了宽松而富有激励性的工作环境。

建筑方：
Claus en Kaan Architecten
委托方：
NIOO-KNAW
合作者：
Archisupport，Bouwbedrjf Berghege, DGMR Engieer Consultancy，DWA installation and energy consultants，DeSah Bv

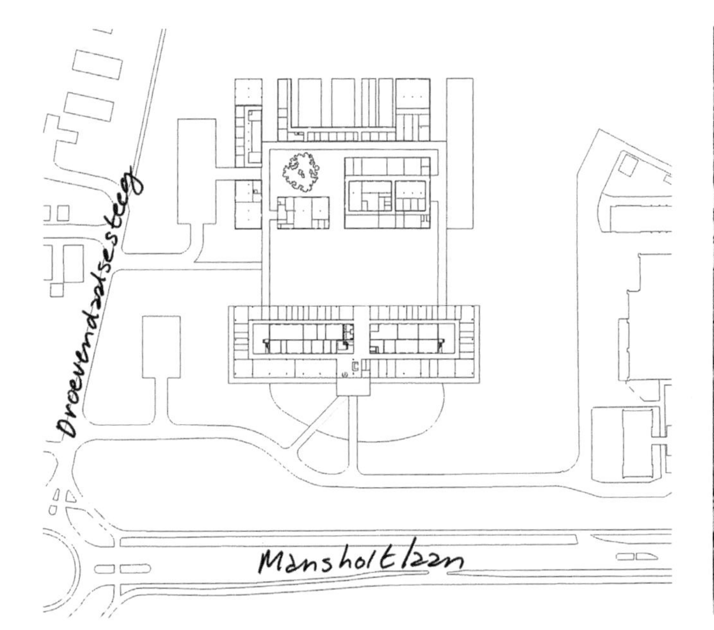
Droevendaalsesteeg
Mansholtlaan

该建筑使其内部的活动能够被从外面看见，创造了一个随时与外部世界保持联系的工作环境。

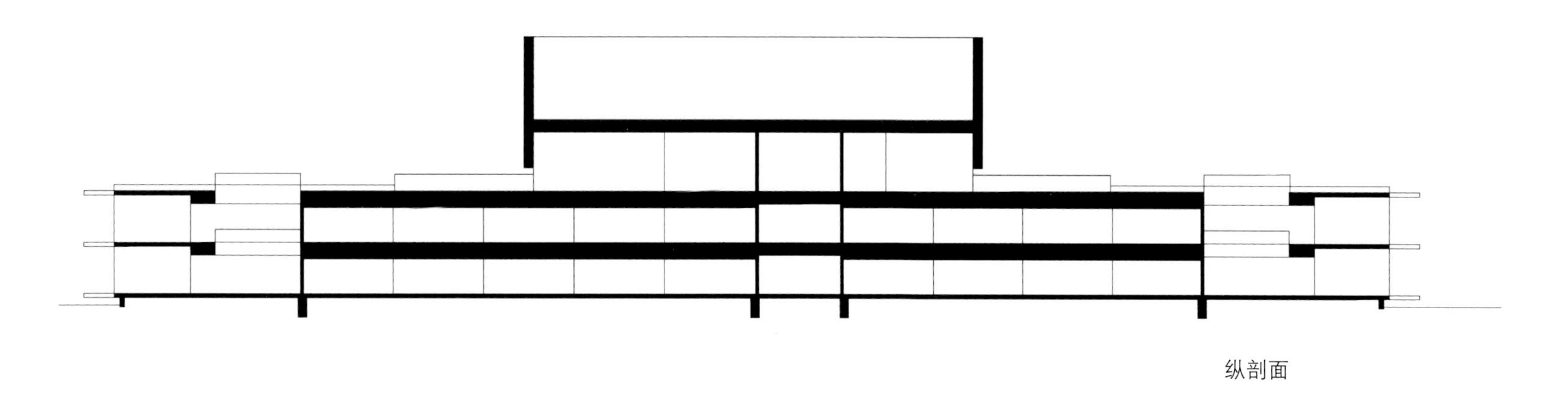

纵剖面

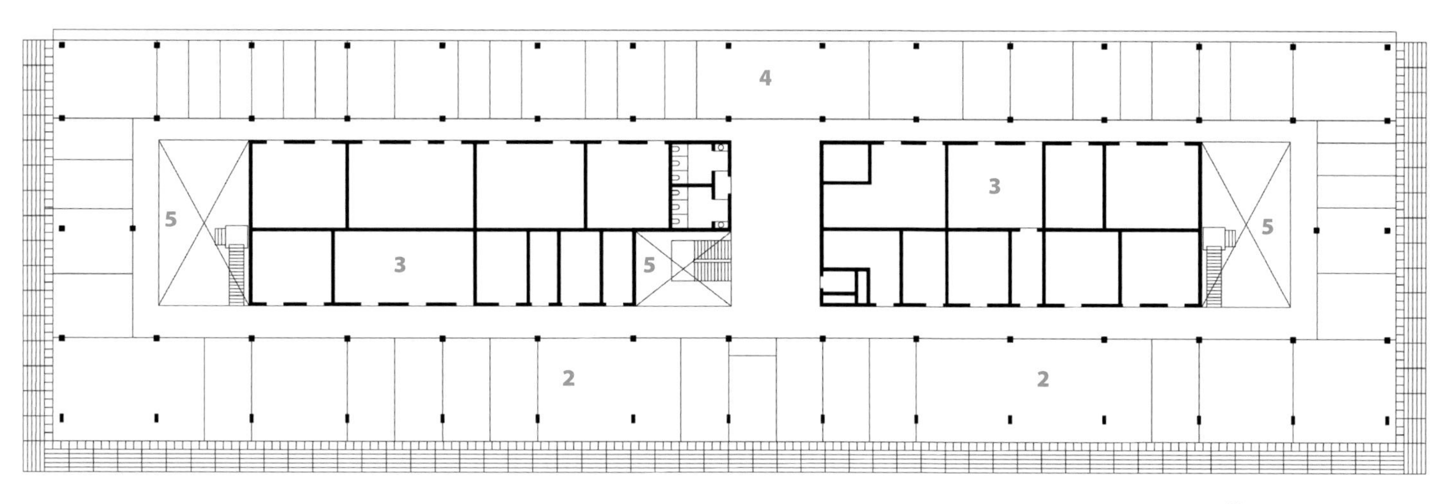

第二层

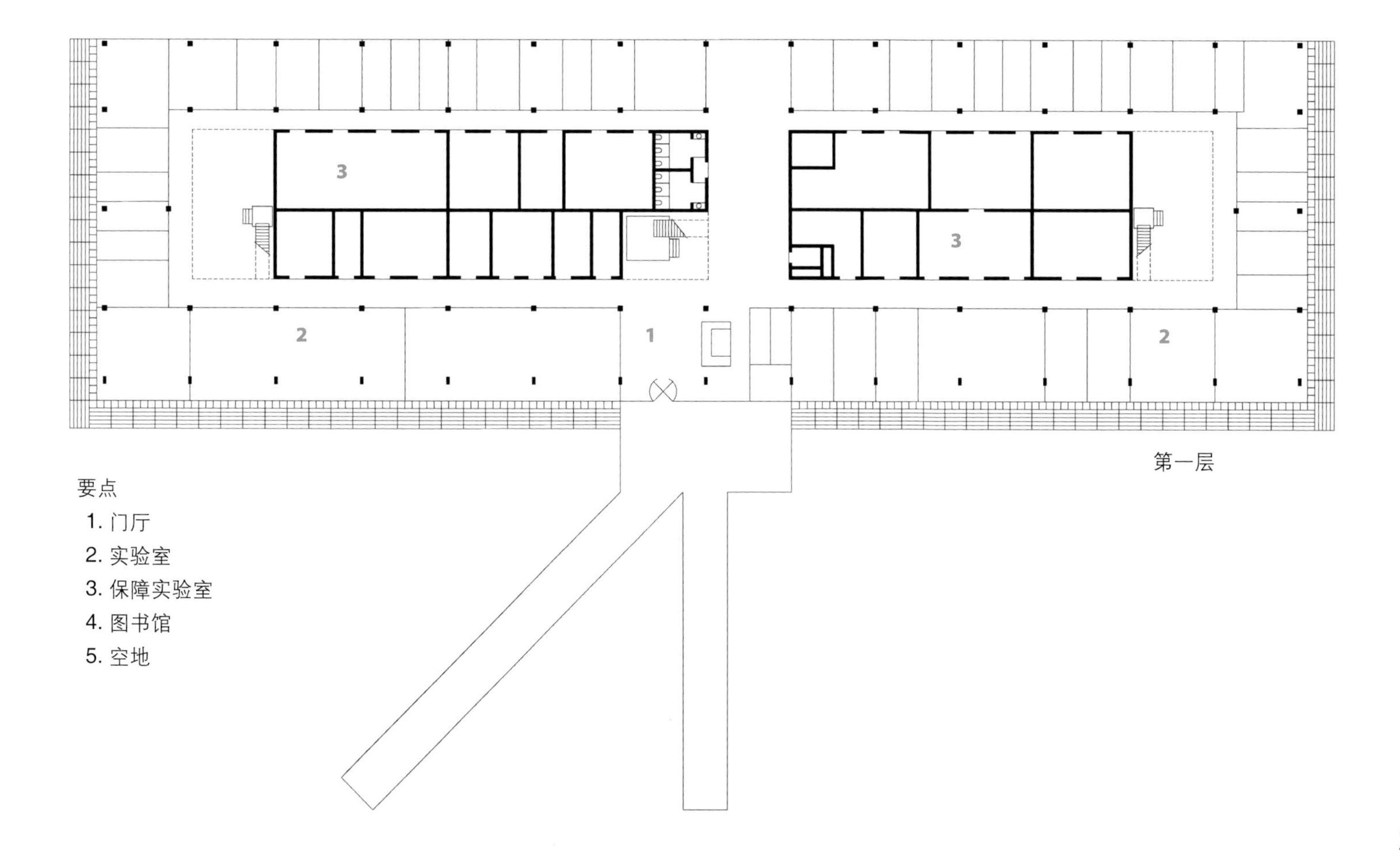

第一层

要点

1. 门厅
2. 实验室
3. 保障实验室
4. 图书馆
5. 空地